浙江省"十四五"普通高等教育本科规划教材

数学研究与论文写作指导
(第二版)

韩茂安　编著

科学出版社

北　京

内 容 简 介

本书主要围绕数学写作来展开,全书分 5 章. 第 1 章是写作基本训练,包括写作基本原则、范例详解和习题演练. 第 2 章全文引用与数学分析和常微分方程有关的带有一定学术性的三篇教学论文,重点放在对这几篇论文的阅读理解、问题思考和总结讨论上,包括论文的写作技巧和关键知识点以及对论文的深度认识与评注. 第 3 章论述论文的一般写作格式、方法和注意事项,列举了一些英文数学论文的题目与摘要、引言,以及一些英文数学论文写作的常用语句等. 第 4 章可分为三个部分,第一部分是作者根据自己的科研体会谈一谈如何进行课题选择和开展学术研究,第二部分给出三个课题的研究实例,第三部分提供十个关于一维周期微分方程和平面自治系统的研究课题,包括研究背景和任务以及通过钻研这些课题有可能获得的新结果. 第 5 章分为两部分,一是介绍几位著名数学家开展数学研究的切身体会和针对青年数学工作者的忠告,二是列举若干广大科技工作者应该遵守的学术道德与行为规范. 本书还提供了用于自学或课程教学的微课视频,分布在全书相关章节,读者通过扫描二维码即可观看视频.

本书可作为高等院校数学专业本科生、研究生以及年轻教师科研起步的学习用书,也可作为每周 2~3 课时的论文写作课程的教材.

图书在版编目(CIP)数据

数学研究与论文写作指导/韩茂安编著. —2 版. —北京:科学出版社,
2022.8

浙江省"十四五"普通高等教育本科规划教材

ISBN 978-7-03-070842-7

I. ①数… II. ①韩… III. ①数学–英语–论文–写作–高等学校–教材
IV. ①O1

中国版本图书馆 CIP 数据核字 (2021) 第 259168 号

责任编辑: 张中兴 梁 清 孙翠勤 / 责任校对: 杨聪敏
责任印制: 赵 博 / 封面设计: 蓝正设计

斜 学 出 版 社 出版
北京东黄城根北街 16 号
邮政编码: 100717
http://www.sciencep.com

北京中石油彩色印刷有限责任公司印刷
科学出版社发行 各地新华书店经销
*
2018 年 7 月第 一 版 开本: 720×1000 1/16
2022 年 8 月第 二 版 印张: 12 1/4
2025 年 4 月第九次印刷 字数: 247 000

定价: 59.00 元
(如有印装质量问题, 我社负责调换)

本书自第一版出版以来, 受到广泛关注, 并被多所大学选为研究生或本科生的数学写作指导课程的教材, 作者也分别在上海师范大学、浙江师范大学用此书作为研究生的数学写作指导课程的教材. 经过五六次的使用和部分研究生同学的反馈, 现决定对原书做一些修改, 出版第二版. 下面就修改情况做详细说明, 顺便也提一下相关内容在教学中的使用建议.

第 1 章是写作基本训练, 部分研究生同学反映有些例题和练习题有点难 (这些内容主要是涉及一阶常微分方程). 考虑到我们已经制作了配套的课程视频, 因此通过授课老师的讲解或者观看相关的课程视频, 这一章的难点都可以化解. 笔者也曾想在第 1 章增补一节有关高等代数的内容, 但在查阅有关文献后思考再三, 终于放弃这个计划, 因为按我目前对高等代数的理解, 一时写不出像第 1 章那样风格的内容. 于是在这次的第二版中, 第 1 章内容除了几处小的更正与修改没有怎么变化. 第 1 章的教学, 讲 7~8 次为宜, 而涉及常微分方程的 1.5 节的内容可以少讲或不讲.

第 2 章的任务是精读和分析 3 篇教学论文, 其中第三篇是关于常微分方程解的延拓定理的证明, 非常微分方程方向的研究生同学 (甚至授课老师) 可能对这篇论文不感兴趣, 因此, 我们在本章的教学中主要是精读和分析前两篇教学论文 (第一篇是关于多元向量函数的微分与积分中值定理的推广, 第二篇是利用常微分方程的存在唯一性定理来证明隐函数定理), 可安排 3 次课. 在这次新版中, 第 2 章内容除了几处小的更正与修改也就没有大改动.

第 3 章的内容有一些变化. 首先, 在第一版的 3.3 节之后增补了一节有关英文投稿信和修改说明的写作内容, 给出了信件的英文模板供读者参考. 其次, 删除了原来的 3.5 节关于学术研究的重要提醒, 更丰富的内容将在第 5 章给出. 另一个变化是原来的 3.4 节标题 "英语论文常用语" 更名为 "数学论文常用英文词语", 新版的内容由两部分组成, 一是原来的内容作为第一部分原封不动, 二是增补与矩阵有关的内容, 名曰 "名家佳作赏析", 摘自一本英文教材. 这在一定程度上解决了第 1 章没有高等代数相关内容的小缺憾, 同时, 又可以通过阅读和理解英文原文提高英文的写作水平. 该章可安排 3~4 次课.

第 4 章内容除了几处小的更正与修改没有改动, 这一章的教学重点可以放在 4.2 节的三个课题研究实例上 (例如, 选择部分内容安排同学课堂讲解与讨论等), 分 3 次讲完, 而有关一维周期微分方程和平面自治系统的 10 个研究课题等可以作为自愿学习内容.

最后就是增补了第 5 章. 本章由两部分组成, 一是介绍几位著名数学家开展数学研究的切身体会和他们针对青年数学工作者提出的忠告, 他们的宝贵经验对研究生和青年教师的学习和研究有直接的指导作用, 也有实际的激励作用, 二是列举中国科学技术协会要求的广大科技工作者应该遵守的若干学术道德与行为规范, 这些行为准则是对科技工作者权益的保护, 是对研究生和青年学者健康成长的保障, 也是科学技术能够得以良性发展的保障.

在本书第二版出版之前, 笔者和浙江师范大学的同事姜在红教授与夏永辉教授联合制作了 25 个微课视频, 作者还按照第二版修订了授课使用的 PPT 课件 (18 次课程讲座详细内容) 和每次课教学安排的教案, 所有这些资料均以二维码的形式置入书中, 其中课程教案还以附录的形式列在书末, 供采用本书作为教材的老师和学习该课的同学参考使用. 作者曾受邀在国内高校为数学专业的研究生或本科生做了二十多场有关数学论文写作的交流报告, 也曾在浙江师范大学和上海师范大学为数学专业的研究生开设数学论文写作指导课程 (大班开课), 因此收到不少老师和同学们的鼓励和很好的反馈意见. 本书第二版的修订和出版得到了浙江师范大学数学与计算机科学学院领导的大力支持, 以及科学出版社张中兴编辑及其单位领导的大力支持. 作者在此一并表示衷心感谢!

本次再版也可能存在不足, 再一次恳请广大读者批评指正.

韩茂安

2021 年 10 月于浙江师范大学

在中学阶段,我们学过"作文"这门课程,并且通过这门课程也亲笔写过不少作文,其中包括叙事性文章和论述性文章等形式,这门课程重点考验的是语文写作水平. 在大学阶段,数学专业的大学生最初学习的是数学分析,这门课程有一个特点,就是作业量大. 为什么要做那么多的作业呢?理由是众所周知的:这样做可以促使你更好地理解和掌握所学知识,更好地培养运用知识来解决问题的能力. 其实,做作业还有一个潜在的作用:培养数学写作能力. 这一点我们在大学学习中重视不够,训练也不够.

什么是写作能力呢?我们认为,写作能力应该是文字运用和组织的能力. 具体到数学写作,则所用的文字不单单是单词与词语,还包括数学公式、图表与运算推理等.

我们在大学阶段学过几十门课程,包括数学分析、高等代数、常微分方程等. 这些课程都有教材和作业,在学习教材时我们往往把重点放在内容理解上,而对章节内容的写作技巧关注不够. 其实,我们阅读教材时除了理解和掌握课本知识以外,还应该观察和学习每一章、每一节、每一个例题是怎么写作的,进一步还可以思考这样写作的合理性以及改进的可能性. 你经常这样做,你的写作水平必定不断提高. 数学写作的主要学习手段就是阅读数学教材、分析数学教材、认真做好习题,而要想有更进一步的提升,就要阅读论文、亲自动手写论文,只有在亲自完成几篇论文之后,写作水平才能有大的进步. 本书就是为提高本科生、研究生的数学学习与论文写作能力而设计的.

本书第 1 章是写作基本训练,首先阐述写作基本原则,然后通过一系列范例详解与评注来学习写作,进一步通过习题演练来体验写作,再通过老师在课堂上对习题演练的修改与批注来提高认识和写作水平 (如果没有老师教学这个环节,只好自己给自己的练习题目批注了). 第 2 章,主要是阅读理解、回答问题、总结提高. 我们选了几篇与数学分析和常微分方程有关的教学论文 (数学专业本科三、四年级学生以及研究生等都能够看懂这些论文), 课前精读和分析这些论文, 课上回答与这些论文有关的问题, 并进行讨论和交流, 重点是学习论文的写作技巧和关键知识点以及对论文的深度认识与评注. 第 3 章, 论述论文的一般写作格式和注意事项, 特别地列举了一些英文论文的题目与摘要、引言, 以及一些数学论文的英文常用语句等, 供读者学习参考. 第 4 章由四节组成, 但可分为三部分, 第一部分是作者本人根据自己的科研体会谈一谈如何进行课题选择和开展学术研究, 并简单介绍了作者的部分研究经历. 第二部分给出三个课题的研究实例, 实际上可以认为是三篇研究短文, 有一定学术性, 丰富了教学内容, 也体现了一种数学创新思维的方式. 第三部分是作者根据自己的科研经历提供十个关于一维周期微分方程和平面自治系统的研究课题, 以及相关的背景知识. 这些课题虽不是全新的, 但希望读者当做新课题来独立完成, 而且有可能进一步获得新结果. 这样做, 不但能够提高写作能力, 还能提高科研能力. 如果读者能够圆满地完成其中一个课题, 那么这门课的成绩就是优秀, 学习这门课的目的就很好地达到了.

写作是一门学问, 也是一门艺术, 需要不断学习和实践. 数学写作不同于其他学科的写作, 它有更强的逻辑性, 而数学论文的写作又必须有新成果. 作者曾阅读过汤涛与丁玖所编著的《数学之英文写作》(高等教育出版社, 2013), 内容涉及数学的英文写作与英文演讲等, 对本科生、研究生、青年数学工作者的英文写作与交流具有很好的参考价值. 作者写作本书的主要目的是通过范例详解、习题演练、精读分析和课题研究的指导与实践等环节来培养本科生、研究生的数学学习与写作能力. 作者希望这样的选材对培养本科生、研究生的数学研究能力和提高他们的数学写作水平能够产生良好的促进效果. 作者认为, 培养数学写作能力难以避开数学本身的具体内容.

本书适合于数学各专业高年级本科生和理工科研究生阅读 (必备知识是本科生数学分析与常微分方程课程的基本内容), 也可以作为 36~54 课时 (每周 2 课时或 3 课时) 的课程向他们开设数学论文写作课程, 而且课程的中心环节应该是课堂互动, 即同学上台交流习作并讨论, 然后老师当场做出点评与修改, 课程的最后阶段是完成一个课题任务.

本书在成稿过程中, 科学出版社的张中兴老师在内容取材等方面提出了有价值的建议. 初稿完成后山西大学的靳祯教授仔细审阅了书稿, 并提出了宝贵的修改意见. 华侨大学的李继彬教授、Alabama 大学的李佳教授和江南大学的辜姣教授也都对书稿做了润色. 该书的初稿曾在研究生讨论班上试用过几次, 得到研究生的积极响应. 该书的部分内容也曾在多个大学做过介绍. 最后科学出版社的梁清老师又对书稿清样进行了认真的校对与规范. 作者在此向曾经施助于该书的所有人表示深深的感谢!

　　本书在内容上是一种全新的尝试, 但限于作者水平, 本书在内容和写作两方面都会存在各种不足, 恳请广大读者批评指正.

韩茂安

2018 年 3 月于上海

目录 Contents

第1章 写作基本原则与训练

　　本章的主要任务是进行数学写作基本训练, 主要方法是通过例题示范和习题演练来增强写作技能. 我们的重点不是在提高解难题能力, 而是通过解题论证这个过程提高数学写作能力. 本章的内容都是经过筛选、构思和精心安排编写而成的. 首先我们来探讨数学写作的基本原则.

第1讲 《数学写作指导》课程概述

1.1 写作基本原则

谈到数学写作的基本原则, 难以回避的问题是数学为什么要写作? 为此我们需要了解什么是数学以及其特点.

根据《数学史概论》[1], 公元前 4 世纪希腊哲学家亚里士多德将数学定义为量的科学, 19 世纪恩格斯在论述数学的本质时, 认为数学是研究现实世界的空间形式与数量关系的科学. 数学大师陈省身在其文集 [2] 中精辟地指出, 数学是一门演绎的学问: 从一组公理出发, 经过逻辑推理, 获得结论. 柯朗和罗宾在其著作 [3] 中则明确指出, 对有学问的人和对普通人一样, 要回答 "什么是数学" 这个问题, 只能通过在数学中的切身体验, 而不靠什么大道理.

不论怎么来定义数学, 科学家们都一致地认为 (正如 A. D. 亚历山大洛夫等在其著作 [4] 中所述的), 数学的特点主要有三条: 第一是抽象性, 第二是精确性, 或者说是逻辑的严密性以及结论的确定性, 最后是它应用的极端广泛性. 英国哲学家、数学家伯特兰·罗素 (1872—1970) 则从哲学的层面认为, 数学不但拥有真理, 而且也具有至高无上的美.

于是, 很自然地就产生这样一个问题: 既然数学这么好, 那么怎么体现、表达她的 "好" 呢? 数学理论又是如何传承下去的呢? 答案应当是通过数学的写作来完成这项任务, 也就是说, 数学的理论与方法全靠数学写作来体现出来. 因此, 作为传播和认识数学的手段, 数学写作起着至关重要的作用. 李大潜在文献 [5] 中明确总结了一个学习数学的 "四字诀", 即 "少、慢、精、深", 他解释说, 我觉得, 数学学习的好坏要看是否理解深入、运作熟练及表达简明这三个方面. 我们看到所涉及三个方面之每一方面都与数学写作有关. 他还强调 "学好数学, 要重视严格的数学训练, 其中很重要的一环, 是要认真做好习题. 苏步青先生曾经做过一万道微积分题, 他功底扎实, 再烦再难的推导及计算都不在话下, 绝不是偶然的". 因此, 学好数学的重要一环是 "做好习题", 这个要求比 "会做习题" 更高一层, 高在什么地方呢? 我认为有两点具体体现, 一是解题方法, 二是写作水平.

一般来说, 数学写作是指论文或著作的写作, 其实, 写作的最基本训练是 "做好习题". 大学基础课程的例题与习题有许多类型, 但主要类型不外乎两种, 即证

明题和计算题. 无论什么类型的题目, 在解答论证的时候应该做到以下三条基本
要求 (基本原则).

1. 结构合理、条理清楚 (框架构思);

2. 推导无误、论证严密 (细节安排);

3. 叙述严谨、语句通顺 (语言表达).

这三条基本原则, 大家一看都能明白, 但真要做到则需要足够量的练习和较
长时间的积累与实践. 根据本人长期从事数学教学和研究的经验, 对这三条基本
原则做如下解读.

第一条: 结构合理、条理清楚. 证明一个结论, 往往有若干步骤, 到底分几步
完成、每一步的主要任务是什么、每一步出现在哪里等等一定要经过周密思考, 并
做到心中有数. 同样, 写作一篇论文往往分若干节内容, 到底分几节完成、每一节
的主要任务是什么、每一节出现在哪里也要认真思考. 有时候某一部分内容可以
出现在不同的地方, 这时一定要想一想放在何处最合适.

如果是写一本书, 就要好好构思一下全书分几章完成, 每一章写什么内容, 以
及这一章内容分成几节来写. 无论是一本书, 还是一篇文章, 甚至一个章节, 都会
涉及结构与条理问题, 每一部分内容都要力求层次清晰、条理清楚、表述准确、语
义连贯、衔接自然. 首次出现的记号或概念等都应当及时地给予解释. 公式的编
排要整齐美观, 其中出现的较复杂的表达式可以引入新的记号来代替. 段落安排、
语句顺序甚至标点符号的使用等都要仔细琢磨.

第二条: 推导无误、论证严密. 数学推导难免出错, 例如, 正负号搞反了, 系
数算错了, 有一项给漏掉了等等. 因此, 每一步的推导都要反复检查验算, 直至确
信正确无误. 在证明过程中, 目标是什么, 用什么方法来实现最好有所交代, 每一
步成立的理由要写清楚. 需要时要对公式进行编号, 以便后面引用. 论证过程要层
次分明, 要把自己心中明白的东西清清楚楚写出来, 以使得别人看起来容易接受
和理解, 尽量不要出现跳跃.

第三条: 叙述严谨、语句通顺. 即使是数学论文写作, 公式也不能一个接一
个出现, 而应该有足够多的语言文字的阐述和解释. 这样做不但帮助读者理解, 增
加可读性, 还能使内容具有趣味性, 增加美感, 令人赏心悦目. 因此, 所用语言一
定要通顺优美, 又要通俗易懂且简明扼要. 此外, 在引用已有的概念和结论时要注

明最初的出处, 若无法知道最初的出处, 至少也要说明在哪里可以找到, 以示对原
创者和历史的尊重. 否则, 读者就分不清你引用的概念与结论是别人的还是你自
己的.

在本章下面几节将通过一些例题和习题来进行写作基本训练. 这些例题和习
题都是与大学课程 "数学分析" 和 "常微分方程" 的基本内容有关的, 也就是说
利用这两门课的基本知识就可以理解和完成这些问题. 我们强调的关键点不是问
题的难度, 而是写作技艺的训练, 即如何依照上面给出的写作三条基本要求把给
定的问题解决了. 对于下面给出的例子, 读者可以先看例题本身的要求, 并尝试自
己完成它 (先分析思考解题思路, 再比较详细认真地写出解答), 然后再对照例题
的解答过程. 在每个例题之后, 我们都给出了针对该例的评述与分析, 内容或长或
短, 希望这样做有助于增强学习兴趣和效果.

1.2   一元微积分学

1.2.1   范例详解与评注

这一节以及下面几节训练方式基本一样, 即先给出三个例题, 接着是三个习
题演练. 首先, 我们给出涉及数列极限的例子.

第2讲 两
个数列极限

例 2.1   证明: 若 $\lim\limits_{n\to\infty} a_n = a \in \mathbf{R}$, 则

(i) $\lim\limits_{n\to\infty} \dfrac{a_1 + \cdots + a_n}{n} = a$;

(ii) 当 $a_n > 0 (n \geqslant 1)$ 时有 $\lim\limits_{n\to\infty} \sqrt[n]{a_1 \cdots a_n} = a$.

证明   (i) 利用极限定义来证明. 不妨设 $a = 0$(这样可使证明有所简化), 否
则令 $b_n = a_n - a$ 即可. 于是, $\forall \varepsilon > 0$, $\exists N_1 > 0$, 使当 $n \geqslant [N_1] + 1$ 时 $|a_n| < \varepsilon$.
要证

$$\lim_{n\to\infty} \frac{a_1 + \cdots + a_n}{n} = 0. \tag{1.1}$$

记 $n_1 = [N_1]$, $M = |a_1 + \cdots + a_{n_1}|$, 则有

$$\left| \frac{a_1 + \cdots + a_{n_1} + \cdots + a_n}{n} \right| < \frac{M}{n} + \frac{n - n_1}{n}\varepsilon < \frac{M}{n} + \varepsilon, \quad n \geqslant n_1.$$

令 $N = \dfrac{M}{\varepsilon}$, 则当 $n > N$ 时 $\dfrac{M}{n} < \varepsilon$, 从而有

$$\left| \frac{a_1 + \cdots + a_n}{n} \right| < 2\varepsilon, \quad n > \max\{N, n_1\}.$$

即知(1.1)式成立.

(ii) 因为 $a_n > 0$, 我们有 $a \geqslant 0$. 下面的证明需要用到下述不等式 (称其为均值不等式):

$$\sqrt[n]{a_1 \cdots a_n} \leqslant \frac{a_1 + \cdots + a_n}{n}, \tag{1.2}$$

其中等号成立当且仅当 $a_1 = \cdots = a_n$.

若 $a = 0$, 则由结论 (i), 并对不等式(1.2)两边取极限 (利用两边夹定理), 即知结论成立. 设 $a > 0$, 此时不妨设 $a = 1$(否则, 令 $b_n = a_n/a$). 我们要证

$$\lim_{n \to \infty} \sqrt[n]{a_1 \cdots a_n} = 1. \tag{1.3}$$

首先, 与不等式 (1.2)类似, 成立

$$\frac{1}{\sqrt[n]{a_1 \cdots a_n}} = \sqrt[n]{\frac{1}{a_1} \cdots \frac{1}{a_n}} \leqslant \frac{\dfrac{1}{a_1} + \cdots + \dfrac{1}{a_n}}{n}. \tag{1.4}$$

进一步, 由(1.2)式和(1.4)式可得

$$\left(\frac{\dfrac{1}{a_1} + \cdots + \dfrac{1}{a_n}}{n} \right)^{-1} \leqslant \sqrt[n]{a_1 \cdots a_n} \leqslant \frac{a_1 + \cdots + a_n}{n}. \tag{1.5}$$

注意到 $\lim\limits_{n \to \infty} a_n = \lim\limits_{n \to \infty} \dfrac{1}{a_n} = 1$, 利用结论 (i), 我们得到

$$\lim_{n \to \infty} \frac{\dfrac{1}{a_1} + \cdots + \dfrac{1}{a_n}}{n} = \lim_{n \to \infty} \frac{a_1 + \cdots + a_n}{n} = 1. \tag{1.6}$$

因此, 利用(1.6)式, 对(1.5)式应用两边夹定理即得(1.3)式.

评注与分析 例 2.1 的结论出现于许多数学分析教材或辅导书中, 例见文献 [6] 第二章. 其结论 (i) 的证明可分为两步, 第一步, 不妨设 $a = 0$. 第二步, 利用极限定义证明(1.1). 对结论 (ii) 的证明, 分两种情况 $a = 0$ 与 $a \neq 0$ 来处理, 而对后一情况, 又不妨设 $a = 1$. 证明的关键是利用结论 (i) 和均值不等式(1.2). 与

文献 [6] 给出的证明相比, 上面我们补充给出了(1.1)、(1.3)与(1.6)式, 这样显得条理更加清楚, 看起来也更容易一些. 下面我们补充证明均值不等式(1.2). 用数学归纳法.

记

$$S_n = \frac{a_1 + a_2 + \cdots + a_n}{n}, \quad P_n = \sqrt[n]{a_1 a_2 \cdots a_n}.$$

易知 $\sqrt{a_1 a_2} \leqslant \dfrac{a_1 + a_2}{2}$, 即当 $n = 2$ 时命题成立. 假设当 $n = k$ 时命题成立, 即有

$$\sqrt[k]{a_1 a_2 \cdots a_k} \leqslant \frac{a_1 + a_2 + \cdots + a_k}{k},$$

或 $P_k \leqslant S_k$. 要证当 $n = k+1$ 时命题成立, 即 $P_{k+1} \leqslant S_{k+1}$.

注意到

$$S_{k+1} = \frac{1}{2k}[(k+1)S_{k+1} + (k-1)S_{k+1}]$$
$$= \frac{1}{2k}\left[\left(\sum_{i=1}^{k} a_i\right) + (a_{k+1} + (k-1)S_{k+1})\right].$$

由归纳假设可知

$$\sum_{i=1}^{k} a_i \geqslant k P_k, \quad a_{k+1} + (k-1)S_{k+1} \geqslant k\sqrt[k]{a_{k+1} S_{k+1}^{k-1}},$$

故有

$$S_{k+1} \geqslant \frac{1}{2k}\left(k P_k + k\sqrt[k]{a_{k+1} S_{k+1}^{k-1}}\right)$$
$$= \frac{1}{2}\left(P_k + \sqrt[k]{a_{k+1} S_{k+1}^{k-1}}\right)$$
$$\geqslant \sqrt{P_k \sqrt[k]{a_{k+1} S_{k+1}^{k-1}}}$$
$$= \sqrt[2k]{\left(\prod_{i=1}^{k+1} a_i\right) S_{k+1}^{k-1}}$$
$$= \sqrt[2k]{P_{k+1}^{k+1} S_{k+1}^{k-1}},$$

上式第三步利用了 $n = 2$ 时的命题之结论. 于是

$$S_{k+1}^{2k} \geqslant P_{k+1}^{k+1} S_{k+1}^{k-1},$$

即

$$S_{k+1}^{k+1} \geqslant P_{k+1}^{k+1},$$

从而成立

$$S_{k+1} \geqslant P_{k+1}.$$

即为所证.

应当指出, 从上面的证明可以看出, 第一步先证明当 $n = 2$ 时命题成立 (而不是证明当 $n = 1$ 时命题成立), 因为之后的证明需要利用这个结论.

数学归纳法 (简称归纳法) 是一种重要且常用的数学方法. 这个方法有两个方面的用途. 一方面是在课题研究中归纳出一个新命题, 就是说通过对 $n = 1, 2, 3$ 等特殊情况下的结论来归纳出一个对任意的 n 都成立的一般结论. 另一方面是在证明一个已知命题或猜测时用到归纳法, 这时第一步是证明当 $n = 1$ 或 $n = 2$ 时命题成立, 第二步是假设当 $n = k$ 或 $n \leqslant k$ 时命题成立, 利用这个归纳假设以及已知的数学知识证明当 $n = k + 1$ 时命题也成立. 在第二步中, 为了条理清楚, 往往出现这样的话: "要证明当 $n = k + 1$ 时命题成立" 以及 "利用归纳假设, 我们有" 等.

在一元微积分学中, 微分中值定理与积分中值定理是非常重要的内容之一. 下面的两个例子与这部分内容有关.

例 2.2 证明对任意 $x > 0$, 存在 $\theta = \theta(x) \in (0, 1)$ 使成立

第3讲 拉格朗日中值定理的应用与分析

(1) $\ln(1 + x) - \ln x = \dfrac{1}{x + \theta}$, 且

(2) θ 关于 x 是严格增加的, 且 $\lim\limits_{x \to 0+} \theta(x) = 0$, $\lim\limits_{x \to +\infty} \theta(x) = \dfrac{1}{2}$.

证明 设 $x > 0$, 对函数 $\ln x$ 在区间 $[x, 1 + x]$ 上应用拉格朗日中值定理即得结论 (1). 由此可解得

$$\theta = \frac{1}{\ln\left(1 + \dfrac{1}{x}\right)} - x \equiv \theta(x), \tag{1.7}$$

由此易见 $\lim\limits_{x \to 0+} \theta(x) = 0$, 且当 $x > 0$ 充分小时 $\theta(x)$ 等价于 $-(\ln x)^{-1}$, 即

$$\frac{\theta(x)}{-(\ln x)^{-1}} \to 1 \quad (x \to 0+).$$

为证另一极限, 令 $t = \dfrac{1}{x}$, 则当 $x \to +\infty$ 时有 $t \to 0+$, 且由(1.7)式可得

$$\theta = \frac{t - \ln(1+t)}{t \ln(1+t)}.$$

由于当 $t \to 0+$ 时 $\ln(1+t) \sim t$, 于是先利用这一等价性, 再利用洛必达法则可得

$$\lim_{x \to +\infty} \theta = \lim_{t \to 0+} \frac{t - \ln(1+t)}{t^2} = \lim_{t \to 0+} \frac{1 - \dfrac{1}{1+t}}{2t} = \lim_{t \to 0+} \frac{1}{2(1+t)} = \frac{1}{2}.$$

再证 θ 关于 x 是严格增加的, 因为 $\dfrac{dt}{dx} < 0$ 只需证 $\dfrac{d\theta}{dt} < 0$. 为此, 可求得

$$\frac{d\theta}{dt} = \frac{-\varphi(t)}{(1+t)t^2 \ln^2(1+t)}, \quad \varphi(t) = t^2 - (1+t)\ln^2(1+t).$$

要证当 $t > 0$ 时成立 $\varphi(t) > 0$.

事实上, 由 $\varphi(t)$ 的表达式可得

$$\varphi'(t) = 2t - 2\ln(1+t) - \ln^2(1+t), \quad \varphi''(t) = \frac{2}{1+t}[t - \ln(1+t)].$$

易知, 对一切 $t > 0$ 有 $t - \ln(1+t) > 0$, 从而有 $\varphi''(t) > 0$, 于是当 $t > 0$ 有 $\varphi'(t) > \varphi'(0) = 0$, $\varphi(t) > \varphi(0) = 0$, 即为所证.

评注与分析　例 2.2 曾在文献 [6] 第 6 章中出现, 与文献 [6] 相比, 这里做了几点小的补充:

(1) 在 (1.7)式中补充了 "$\equiv \theta(x)$";

(2) 补充了下式

$$\frac{\theta(x)}{-(\ln x)^{-1}} \to 1 \quad (x \to 0+).$$

(3) 补充了 "当 $x \to +\infty$ 时有 $t \to 0+$".

(4) 补充了 "要证当 $t > 0$ 时成立 $\varphi(t) > 0$".

(5) 补充了 "$t - \ln(1+t) > 0$".

(6) 最后补充了 "即为所证".

易见, 做了上述简单补充后, 行文条理和文字叙述都有所改进. 我们还不难看出, 解答例 2.2 的关键是能够求出如 (1.7)式所给出的量 θ 的显式表达式.

例 2.3　设 $f(x)$ 是定义在 **R** 上的连续函数, 且满足方程

$$xf(x) = 2\int_{x/2}^{x} f(t)dt + \frac{x^2}{4},$$

求 $f(x)$.

解 令 $g(x) = f(x) - x$, 则有

$$xg(x) = 2\int_{x/2}^{x} g(t)dt.$$

对于 $x > 0$, 根据积分中值定理, 存在 $x_1 \in \left(\dfrac{x}{2}, x\right)$ 使得

$$\int_{x/2}^{x} g(t)dt = g(x_1)\frac{x}{2},$$

因而

$$g(x) = g(x_1). \tag{1.8}$$

设 $x_0 = \inf\{t \in (0, x) \mid g(x) = g(t)\}$, 则有

$$g(x_0) = g(x). \tag{1.9}$$

若 $x_0 > 0$, 则重复上面的过程, 可知存在 $y_0 \in (0, x_0)$, 使得

$$g(y_0) = g(x_0) = g(x),$$

这与 x_0 的取法矛盾. 因此, 必有 $x_0 = 0$, 这说明 $g(x) = g(0)$.

同理, 对 $x < 0$, 也可以证明 $g(x) = g(0)$.

总之, $g(x)$ 是常数, 于是 $f(x) = x + C$, C 是常数.

评注与分析 例 2.3 选自第七届全国大学生数学竞赛 (数学类一、二年级) 决赛试题 (2016 年), 本题的解题方法与细节与所公布的参考答案几乎一模一样.

下面来分析一下这里的解题方法. 首先, 引入函数 $g(x)$, 使问题得到简化. 其次, 先考虑 $x > 0$ 的情况, 并对出现的积分利用积分中值定理, 从而获得(1.8)式. 然后, 利用确界原理得到点 x_0, 进而获得(1.9)式. 进一步, 利用反证法证明 $x_0 = 0$. 这样对 $x > 0$ 之情况证明了函数 $g(x)$ 是常数. 最后指出, 对 $x < 0$ 的情况, 完全类似可证.

我们看到, 上面的证明方法非常巧妙, 证明思路也相当奇特. 那么, 上面的证明是不是很满意呢? 下面我们再做进一步的分析.

(1) 首先我们考虑一下：(1.8)式的作用是什么呢？上面没有明确说明. 其实，它是用来保证集合 $\{t \in (0, x)| \ g(x) = g(t)\}$ 非空，从而保证点 x_0 一定存在，且 $0 \leqslant x_0 \leqslant x_1 < x$.

(2) 其次，我们来考虑：(1.9)式为什么成立呢？理由是这样的：根据题设和函数 $g(x)$ 的定义，g 是 $\mathbf{R}$ 上的连续函数，又根据点 x_0 的取法，必有点列 $\{x_n\}$ 存在，其中 $x_n \in \{t \in (0, x)| \ g(x) = g(t)\}$，使得 $x_n \to x_0$ (当 $n \to \infty$ 时)，从而当 $n \to \infty$ 时

$$g(x) = g(x_n) \to g(x_0),$$

即得(1.9)式.

(3) 于是，对任给的 $x > 0$，都存在唯一的与 x 有关的 $x_0 = \varphi(x) \in [0, x)$，使得(1.9)式成立，并且 x_0 是使得(1.9)式成立的最小非负数. 接下来，我们要证明对一切 $x > 0$ 均有 $\varphi(x) = 0$. 用反证法. 假设存在 $x^* > 0$，使得 $\varphi(x^*) > 0$，令 $\bar{x}_0 = \varphi(x^*)$，$y_0 = \varphi(\bar{x}_0)$，那么利用(1.9)式，可知成立

$$0 < \bar{x}_0 = \varphi(x^*) < x^*, \quad 0 \leqslant y_0 < \bar{x}_0, \quad g(y_0) = g(\bar{x}_0) = g(x^*).$$

根据函数 $x_0 = \varphi(x)$ 的定义知，$\bar{x}_0$ 是使得 $g(\bar{x}_0) = g(x^*)$ 成立的最小非负数. 因此，上式中 y_0 不应该存在，矛盾.

(4) 对 $x < 0$ 之情况，(1.8)式中的 x_1 满足 $x_1 \in \left(x, \dfrac{x}{2}\right)$，这保证集合 $\{t \in (x, 0)| \ g(x) = g(t)\}$ 非空，从而它有上确界，记为 $\psi(x)$. 那么，完全类似可证 $g(x) = g(\psi(x)) = g(0)$. 对这一情况，也可以换个处理方法，即令 $y = -x$，$g_1(y) = g(-y)$，则有

$$y > 0, \quad y g_1(y) = 2 \int_{y/2}^{y} g_1(s) ds.$$

于是，应用已证的结论，就有 $g_1(y) = g_1(0)$，也即 $g(x) = g(0)$.

易见，如果上述细节都补充到证明过程中，那么论证就更加严密，而且也比较容易理解.

上面我们通过数学分析的三个例子的论证过程以及对它们的评注与分析来学习数学写作的基本技巧，我们希望读者细心领会论证的细节和步骤，正像文献 [6] (P21) 所述的，读数学书一定要精读细品，并做到搞懂细节、理清思路、不留疑问. 当然，可能读两三遍甚至四五遍才能达到这个效果. 其实，每看一遍，必有新得，读

三遍能够达到这个效果已经很好了, 读书就是这样的. 学数学没有捷径可走, 笔者的学习经验是要做到下面几点.

(1) 概念清楚: 正确理解概念, 认清其数学含义, 包括表述的多样性和几何意义等.

(2) 思路清晰: 认真理解每一个推理过程, 认清解题思路, 特别是要清楚要干什么, 也要清楚采用什么方法和途径来解决问题.

(3) 多看多想: 如果有某处看不懂 (这是经常发生的事情), 就要反复看几遍, 多想一想, 并且可以通过动手作图或补充一些推理过程来化解难度、克服困难.

(4) 深层挖掘: 看懂了命题或定理的证明, 还要进一步分析其条件和结论, 搞清楚每一个条件的作用和结论的用途, 细心领会并能灵活运用已知结论以及其证明思想解决相关问题.

要有意识地努力培养上述读书习惯, 这样做必能不断提高学习能力, 必能不断增强自身实力, 必会使自己终身受益.

1.2.2 习题演练与讨论

学习数学分析等基础课程, 一个十分重要的事情是做足够量的练习题. 做一道题, 差不多跟写作文一样, 要力求遵循写作三原则 (结构合理、条理清楚; 推导无误、论证严密; 叙述严谨、语句通顺). 做练习题要舍得花时间去思考, 一定要认真审题, 想清楚需要做什么, 要达到什么样的目的, 要思考采用何种方法和手段来完成任务. 所用方法可能直接来自数学分析等所学过的知识, 也可能需要在所学知识的基础上建立新方法. 此外, 有些练习题可能较难做, 一时思考不出思路, 这是正常的, 不应该感到害羞. 然而, 做错了而意识不到是不正常的, 是不应该发生的. 要想不犯错, 唯一的办法就是苦练基本功. 做练习有两方面的目的, 一是检验一下甚至巩固一下你的基本功, 二是训练一下也提升一下你的写作技能.

这里给出的习题演练就是这个写作课程的作业, 主要目的是写作训练, 因此需要读者课下独立完成.

第4讲 习题演练2.1—2.3的解题思路

习题演练 2.1   设 $a > 0$, $a_1 = \sqrt{a}$, $a_2 = \sqrt{a + a_1}$, $a_3 = \sqrt{a + a_2}$, $\cdots$, 证明数列 $\{a_n\}$ 收敛, 并求其极限.

提示   考虑数列 $\{a_n\}$ 的单调性; 用归纳法.

习题演练 2.2   证明关于两个函数乘积的高阶导数的莱布尼茨公式

$$(f \cdot g)^{(n)} = \sum_{k=0}^{n} C_n^k f^{(k)} g^{(n-k)},$$

其中 n 为正整数, $C_n^k = \dfrac{n(n-1)\cdots(n-k+1)}{k!} = \dfrac{n!}{k!(n-k)!}$, 而函数 f 与 g 为任意次可导函数.

提示　对 n 利用归纳法.

习题演练 2.3　设 $f \in C^1[0,+\infty)$, $f(0) > 0$, $f'(x) \geqslant 0$, $x \in [0,+\infty)$. 已知成立 $\displaystyle\int_0^{+\infty} \dfrac{1}{f(x)+f'(x)}dx < +\infty$. 求证 $\displaystyle\int_0^{+\infty} \dfrac{dx}{f(x)} < +\infty$.

提示　对充分大的 $N > 0$,

$$\int_0^N \frac{dx}{f(x)} = \left(\int_0^N \frac{dx}{f(x)} - \int_0^N \frac{dx}{f(x)+f'(x)} \right) + \int_0^N \frac{dx}{f(x)+f'(x)}.$$

该题选自第四届全国大学生数学竞赛 (数学类一、二年级) 预赛试题 (2012 年).

做完上述练习题后, 应当检查一两遍, 看看你的习题解答是不是符合写作三原则, 检查、修改后 (最好用 Latex 或 Word 格式编辑好) 交给老师, 老师仔细审查、修改、批注, 并在下次课堂上进行讲解或讨论. 显而易见, 做题应有对错之分, 而以训练写作技艺为目的的做题似有优劣之分, 但却没有标准答案. 因此, 这个数学写作课程对老师来说也是一个挑战.

1.3　多元微积分学与含参量积分

1.3.1　范例详解与评注

多元微积分学是一元微积分学的进一步发展, 但其处理问题的许多思想是与一元微积分学一样的. 本节, 我们通过几个例子来探讨多元函数的性质, 这些性质是数学分析中未曾学过的, 但都是数学分析中一些熟知结论的自然延伸, 而且很有用途.

第5讲　泰勒公式的拓展

例 3.1　设有多元函数 $F(x,y)$, $x \in U$, $y \in D$, 其中 $U \subset \mathbf{R}$ 为 $x = 0$ 的邻域, 而 $D \subset \mathbf{R}^n$ 为某一区域, $n \geqslant 1$. 试证明

(1) 如果函数 F 直到 r 阶的各阶偏导数都在区域 $U \times D$ 上存在且连续, 即 $F \in C^r(U \times D), r \geqslant 1$, 则

$$F(x, y) = F(0, y) + xF_0(x, y),　　　　　　　(1.10)$$

其中

$$F_0 \in C^{r-1}(U \times D), \quad F_0(0, y) = \frac{\partial F}{\partial x}(0, y).$$

当 $F \in C^\infty(U \times D)$ 时也有 $F_0 \in C^\infty(U \times D)$.

(2) 设 $F \in C^r(U \times D)$, U 为 $x = 0$ 的邻域, $D \subset \mathbf{R}^n$, $n \geqslant 1$, $r \geqslant 1$, 则有

$$F(x, y) = \sum_{k=0}^{m} \frac{1}{k!} \frac{\partial^k F}{\partial x^k}(0, y) x^k + x^{m+1} \bar{R}(x, y),$$

$$\bar{R} \in C^{r-m-1}(U \times D), \quad 0 \leqslant m \leqslant r - 1,$$

且 $\bar{R}(0, y) = \frac{1}{(m+1)!} \frac{\partial^{m+1} F}{\partial x^{m+1}}(0, y)$. 如果 $F \in C^\infty(U \times D)$, 则 $\bar{R} \in C^\infty(U \times D)$.

上述例子中出现了"区域"的概念. 所谓区域是指一连通开集与其部分边界点之并. 区域可能是开的, 可能是闭的, 也可能是非开非闭的.

证明上述两个结论, 需要做一些准备. 首先, 我们给出数学分析中学过的牛顿–莱布尼茨公式和带积分余项的泰勒公式, 即

引理 3.1　(1) 如果 $F: [a, b] \to \mathbf{R}$ 具有连续导数, 则成立

$$\int_a^b F'(x)dx = F(b) - F(a),$$

或

$$F(b) - F(a) = (b - a) \int_0^1 F'(a + t(b - a))dt.　　　　　　(1.11)$$

(2) 设 U 为 $x = 0$ 的邻域, m 为一自然数, $m \geqslant 0$, 并设 $F \in C^r(U), r \geqslant m+1$, 则

$$F(x) = \sum_{k=0}^{m} \frac{1}{k!} F^{(k)}(0) x^k + R_m(x), \quad x \in U,$$

其中

$$R_m(x) = \frac{1}{m!} \int_0^x F^{(m+1)}(t)(x - t)^m dt = \frac{x^{m+1}}{m!} \int_0^1 F^{(m+1)}(ux)(1 - u)^m du.$$

下列引理是数学分析中学过的含参量积分定理.

引理 3.2　设二元函数 $f(x,y)$ 在某个矩形区域 $D = [a,b] \times [c,d]$ 中有定义. 如果函数 $f(x,y)$ 在 D 上连续, 则

$$F(y) = \int_a^b f(x,y)dx$$

在 $[c,d]$ 上连续. 进一步, 如果 $f_y(x,y)$ 也在 D 上连续, 则 $F \in C^1[c,d])$ 且成立

$$F'(y) = \int_a^b f_y(x,y)dx, \quad y \in [c,d].$$

下面我们对引理 3.2 做一些推广与延伸, 即有

引理 3.3　设多元函数 $f(x,y)$ 在形如 $D = [a,b] \times G$ 的区域中有定义, 其中 $G \subset \mathbf{R}^n$ 为一区域. 如果函数 $f(x,y)$ 在 D 上连续, 则

$$F(y) = \int_a^b f(x,y)dx$$

在 G 上连续. 进一步, 如果存在 $k \geqslant 1$, 使得 $\dfrac{\partial^k f}{\partial y^k}(x,y)$ 也在 D 上连续, 则 $F \in C^k(G)$ 且成立

$$F^{(j)}(y) = \int_a^b \frac{\partial^j f}{\partial y^j}(x,y)dx, \quad y \in G, \quad j = 1, \cdots, k. \tag{1.12}$$

如果对一切 $k \geqslant 1$, 函数 $\dfrac{\partial^k f}{\partial y^k}(x,y)$ 都在 D 上连续, 则 $F \in C^\infty(G)$.

事实上, 引理 3.3 第一部分的结论之证明与引理 3.2 第一部分的结论之证明是完全类似的, 而当 $k = 1$ 时引理 3.3 第二部分的结论之证明与引理 3.2 第二部分的结论之证明也是完全类似的. 这里我们不再重复给出. 注意, 当 $k = 1$ 时, 我们有

$$\begin{aligned}
F'(y) &= \int_a^b \frac{\partial f}{\partial y}(x,y)dx \\
&= \left(\int_a^b \frac{\partial f}{\partial y_1}(x,y)dx, \int_a^b \frac{\partial f}{\partial y_2}(x,y)dx, \cdots, \int_a^b \frac{\partial f}{\partial y_n}(x,y)dx \right).
\end{aligned}$$

对 $k \geqslant 2$ 的情况, 我们可以利用归纳法来证明. 详之, 设已证(1.12)式对 $j = k$ 成立, 那么, 对满足 $0 \leqslant i_j \leqslant k$, $j = 1, \cdots, n$, $i_1 + \cdots + i_n = k$ 的 n 元整数组

$(i_1, \cdots, i_n)$, 成立

$$\frac{\partial^k F(y)}{\partial y_1^{i_1} \cdots \partial y_n^{i_n}} = \int_a^b \frac{\partial^k f(x, y)}{\partial y_1^{i_1} \cdots \partial y_n^{i_n}} dx. \tag{1.13}$$

现假设 $\dfrac{\partial^{k+1} f}{\partial y^{k+1}}(x, y)$ 在 D 上连续, 要证明 (1.12) 式对 $j = k+1$ 成立. 注意到 $\dfrac{\partial^{k+1} f}{\partial y^{k+1}}(x, y)$ 在 D 上连续等价于对满足 $0 \leqslant i_j \leqslant k, j = 1, \cdots, n, i_1 + \cdots + i_n = k$ 的所有 n 元整数组 $(i_1, \cdots, i_n)$, 函数 $\dfrac{\partial^k f(x, y)}{\partial y_1^{i_1} \cdots \partial y_n^{i_n}}$ 关于 $y_1, \cdots, y_n$ 的偏导数都存在且连续, 于是由(1.13)式和已证对 $k = 1$ 的结论可得

$$\frac{\partial}{\partial y_j} \frac{\partial^k F(y)}{\partial y_1^{i_1} \cdots \partial y_n^{i_n}} = \frac{\partial}{\partial y_j} \int_a^b \frac{\partial^k f(x, y)}{\partial y_1^{i_1} \cdots \partial y_n^{i_n}} dx = \int_a^b \frac{\partial^{k+1} f(x, y)}{\partial y_j \partial y_1^{i_1} \cdots \partial y_n^{i_n}} dx,$$

而且上式右端关于 y 是连续的, 其中 $j = 1, \cdots, n$, 由此即知(1.12)式对 $j = k+1$ 成立, 进而又知在(1.12)式中将 k 换为 $k+1$ 时它仍成立.

由上述证明易见, 如果对一切 $k \geqslant 1$, 函数 $\dfrac{\partial^k f}{\partial y^k}(x, y)$ 都在 D 上连续, 则 $F \in C^k(G)$, 再由 k 的任意性即知 $F \in C^\infty(G)$. 于是引理得证.

利用以上诸引理就可以证明例 3.1 的结论了.

首先, 将 F 视为 x 的一元函数, 并对它应用引理 3.1 中的牛顿莱布尼茨公式 (1.11) 可得 (1.10)式, 其中

$$F_0(x, y) = \int_0^1 f(t, x, y) dt, \ f(t, x, y) = \frac{\partial F}{\partial x}(tx, y), \ F_0(0, y) = \frac{\partial F}{\partial x}(0, y).$$

由假设知, $F \in C^r(U \times D)$ 或 $F \in C^\infty(U \times D)$, 因此 f 为定义于 $[0,1] \times U \times D$ 上的 C^{r-1} 函数或 C^∞ 函数, 故由引理 3.3 知, $F_0 \in C^{r-1}(U \times D)$ 或 $F_0 \in C^\infty(U \times D)$. 结论 (1) 得证.

进一步, 对函数 F 关于 x 应用引理 3.1 中的泰勒公式, 可得

$$F(x, y) = \sum_{k=0}^m \frac{1}{k!} \frac{\partial^k F}{\partial x^k}(0, y) x^k + R(x, y),$$

其中

$$R(x, y) = \frac{1}{m!} \int_0^x \frac{\partial^{m+1} F}{\partial x^{m+1}}(t, y)(x - t)^m dt.$$

令 $t = sx$, 由上式可得

$$R(x,y) = x^{m+1}\bar{R}(x,y), \quad \bar{R}(x,y) = \frac{1}{m!}\int_0^1 \frac{\partial^{m+1}F}{\partial x^{m+1}}(tx,y)(1-t)^m dt.$$

又由引理 3.3 知, 若 $F \in C^r(U \times D)$ 或 $F \in C^\infty(U \times D)$ 的, 则函数 $\bar{R}$ 在区域 $U \times D$ 上为 C^{r-m-1} 或 C^∞ 的, 且

$$\bar{R}(0,y) = \frac{1}{m!}\frac{\partial^{m+1}F}{\partial x^{m+1}}(0,y)\int_0^1 (1-t)^m dt = \frac{1}{(m+1)!}\frac{\partial^{m+1}F}{\partial x^{m+1}}(0,y).$$

即得结论 (2).

评注与分析　例 3.1 中的两个结论取自一篇教学论文 [7], 但由于该论文的重点在于这两个结论的应用, 而对它们的证明不够详细. 这里, 我们给出了相当详细的论证, 特别列出了引理 3.3, 并给出了证明. 引理 3.2 是数学分析中学过的, 在一般数学分析教材中都能找到, 而引理 3.3 在数学分析中并没有出现过, 但它的结论很有用, 它是引理 3.2 的自然延伸, 其证明需要用到归纳法, 也需要用到引理 3.2. 此外, 容易看出, 例 3.1 的结论 (2) 也可以通过多次利用其结论 (1) 来获得.

值得指出的是例 3.1 中两个结论的条件均可以放宽. 例如, 从其证明过程可以看出, 如果把结论 (1) 中条件 $F \in C^r(U \times D)$ 减弱为 $F_x \in C^{r-1}(U \times D)$, 则仍有 $F_0 \in C^{r-1}(U \times D)$. 同理, 如果把结论 (2) 中条件 $F \in C^r(U \times D)$ 减弱为 $\frac{\partial^{m+1}F}{\partial x^{m+1}} \in C^{r-m-1}(U \times D)$, 则仍有 $\bar{R} \in C^{r-m-1}(U \times D)$.

下面, 我们给出隐函数定理的一个应用. 首先给出在数学分析中学过的隐函数定理, 即下面的引理.

引理 3.4　设有函数 $F : G \to \mathbf{R}^n$, 其中 $G = U \times V$, 而 U 与 V 分别是 $\mathbf{R}^m$ 与 $\mathbf{R}^n$ 中的区域. 设 $F \in C^1(G)$. 如果存在点 $(x_0, y_0) \in G$ 使得

$$F(x_0, y_0) = 0, \quad \det F_y(x_0, y_0) \neq 0,$$

则方程 $F(x,y) = 0$ 在点 (x_0, y_0) 的小邻域内关于 y 有唯一解 $y = f(x) = y_0 + O(|x - x_0|)$, 并且该解为连续可微函数.

第6讲　隐函数定理的拓展

很容易对上述引理中的结论做如下延伸.

引理 3.5　设有函数 $F : G \to \mathbf{R}^n$, 其中 $G = U \times V$, 而 U 与 V 分别是 $\mathbf{R}^m$ 与 $\mathbf{R}^n$ 中的区域. 设 $F \in C^r(G)(r \geqslant 1)$ 或 $F \in C^\infty$. 如果存在点 $(x_0, y_0) \in G$ 使得

$$F(x_0, y_0) = 0, \quad \det F_y(x_0, y_0) \neq 0,$$

则方程 $F(x,y) = 0$ 在点 (x_0, y_0) 的小邻域内关于 y 有唯一解 $y = f(x) = y_0 + O(|x - x_0|)$,并且该解为 C^r 函数或 C^∞ 函数.

证明 我们对 r 利用归纳法. 当 $r = 1$ 时,由引理 3.4 知,方程 $F(x,y) = 0$ 在点 (x_0, y_0) 的小邻域内关于 y 有唯一解 $y = f(x) = y_0 + O(|x - x_0|)$,即 $F(x, f(x)) \equiv 0$,并且 $f(x)$ 为连续可微函数. 此时命题成立,且存在 $\delta > 0$,使对一切 $|x - x_0| < \delta$,有 $F(x, f(x)) = 0$,从而等式两边关于 x 求导可知

$$f'(x) = -\Big[F_y(x, f(x))\Big]^{-1} F_x(x, f(x)), \quad |x - x_0| < \delta. \tag{1.14}$$

现假设当 $r = k$ 时命题成立. 往证当 $r = k+1$ 时命题也成立. 即假设 $F(x,y)$ 为 G 上的 C^{k+1} 类函数,要证 $f(x)$ 也是 C^{k+1} 类的. 由归纳假设,$f(x)$ 是 C^k 类的,注意到 F_x 与 F_y 均为 C^k 类的,由条件易见在点 (x_0, y_0) 的小邻域内成立 $\det F_y(x,y) \neq 0$,且由逆矩阵的性质知矩阵函数 $[F_y(x,y)]^{-1}$ 在点 (x_0, y_0) 的小邻域内是 C^k 类的,故(1.14)式中等号之右在 $|x - x_0| < \delta$ 上是 C^k 类函数(只要 δ 适当小),从而由此式知函数 $f'(x)$ 在 $|x - x_0| < \delta$ 上是 C^k 类函数,这就是说函数 $f(x)$ 在 $|x - x_0| < \delta$ 上是 C^{k+1} 类函数. 因此得证当 $r = k+1$ 时命题成立.

于是,我们证明了:对任意 $r \geqslant 1$,如果 $F \in C^r(G)$,则存在 $\delta > 0$,使得满足 $F(x, f(x)) \equiv 0$ 的函数 $f(x)$ 对一切 $|x - x_0| < \delta$ 有定义且是 C^r 类的.

这里注意,因为 $F \in C^1(G)$,因此存在 $\delta > 0$,使(1.14)式对一切 $|x - x_0| < \delta$ 成立. 又因为 $F \in C^2(G)$(当 $r \geqslant 2$ 时),由(1.14)式知函数 $f(x)$ 在 $|x - x_0| < \delta$ 上为 C^2 类的. 依次类推,函数 $f(x)$ 在 $|x - x_0| < \delta$ 上为 C^r 类的. 这说明量 δ 与 r 无关. 由此可知,如果 $F \in C^\infty$,则函数 $f(x)$ 在 $|x - x_0| < \delta$ 上就是 C^∞ 类的. 至此引理证毕.

例 3.2 设有二元函数 $F \in C^k(U)$,其中 $k \geqslant 2$,U 为一内含原点的平面区域. 如果函数 F 满足下列条件:

(1) $F(0,0) = 0$,$F_x(0,0) \neq 0$;

(2) $\dfrac{\partial^k F}{\partial y^k}(0,0) \neq 0$,$\dfrac{\partial^j F}{\partial y^j}(0,0) = 0$,$j = 1, \cdots, k-1$.

则存在 $\delta > 0$,及定义于区间 $(-\delta, \delta)$ 的 C^k 函数 $x = \varphi(y)$,使 $F(\varphi(y), y) = 0$,且

$$\varphi(y) = b_k y^k + o(y^k), \quad b_k = -\frac{1}{k!\, F_x(0,0)} \frac{\partial^k F}{\partial y^k}(0,0).$$

证明　由所设条件, 利用引理 3.5 知, 在原点的小邻域内方程 $F(x,y)=0$ 关于 x 有唯一解 $x=\varphi(y)$, 且 $\varphi(y)$ 在 $y=0$ 的小邻域内为 C^k 类的, 于是由一元函数的泰勒公式 (佩亚诺余项) 知

$$\varphi(y)=b_1 y+\cdots+b_k y^k+o(y^k). \tag{1.15}$$

又由例 3.1 中的泰勒公式知

$$F(x,y)=F_0(x)+F_1(x)y+\cdots+F_{k-1}(x)y^{k-1}+y^k R(x,y), \tag{1.16}$$

其中 $F_j(x)=\dfrac{1}{j!}\dfrac{\partial^j F}{\partial y^j}(x,0)$ 为连续可微函数, $j=0,\cdots,k-1$, 而 $R(x,y)$ 为连续函数, 且满足 $R(0,0)=\dfrac{1}{k!}\dfrac{\partial^k F}{\partial y^k}(0,0)$.

由条件 (1) 与 (2) 知

$$F_0(0)=0,\quad F_0'(0)=F_x(0,0)\neq 0,\quad F_1(0)=\cdots=F_{k-1}(0)=0,$$

故由例 3.1 知成立

$$F_j(x)=xf_j(x),\quad j=0,\cdots,k-1,$$

其中 f_j 在 $x=0$ 附近连续, 且 $f_0(x)=F_x(0,0)+O(x)$. 从而 (1.16)式可以改写成

$$F(x,y)=x[F_x(0,0)+g(x,y)]+y^k[R(0,0)+o(1)],$$

其中 $g(x,y)$ 在原点附近连续, 且 $g(x,y)=O(|x|+|y|)$. 因为 $F(\varphi(y),y)\equiv 0$, 将(1.15)式代入上式, 可得

$$[b_1 y+\cdots+b_k y^k+o(y^k)][F_x(0,0)+O(y)]+y^k R(0,0)+o(y^k)\equiv 0,$$

比较等式两边 $y,\cdots,y^k$ 的系数易得

$$b_1=0,\quad b_2=0,\quad \cdots,\quad b_{k-1}=0,\quad b_k F_x(0,0)+R(0,0)=0,$$

由此即得结论成立.

评注与分析　上面例题是在比隐函数定理更多的假设下研究隐函数的性质, 除了用到隐函数定理 (引理 3.5) 之外, 还用到一阶与高阶泰勒公式 (例题 3.1). 对

二元函数的情况, 如果只要求函数 $F(x,y)$ 在点 (x_0, y_0) 的邻域内连续, 且 $F(x_0, y_0) = 0$, 那么当对 x_0 附近的每个 x, 函数 F 关于 y 都是严格单调时方程 $F(x,y) = 0$ 也能够确定唯一的隐函数 $y = f(x)$, 且该函数在 x_0 附近是连续的.

对一元函数 φ, 带佩亚诺余项的泰勒展开式(1.15)成立的条件是: φ 在 $y = 0$ 存在 k 阶导数. 而事实上, 这里的函数 φ 满足的条件稍强一些, 即它在 $y = 0$ 的小邻域内是 C^k 的, 因此, 下述展开式是成立的:

$$\varphi(y) = b_1 y + \cdots + b_{k-1} y^{k-1} + y^k r(y),$$

其中 $r(y)$ 在 $y = 0$ 的小邻域内连续, 且 $r(0) = \dfrac{1}{k!} \dfrac{\partial^k \varphi}{\partial y^k}(0)$. 由此也可推得(1.15)式. 而根据例 3.1, 泰勒展开式(1.16)成立的条件就是 $F \in C^k(U)$.

下列引理给出连续函数的一个基本性质, 今将它以引理的形式列出来是为了后面应用上的方便.

引理 3.6 设 $F : I \times U \to \mathbf{R}$ 为连续函数, I 为一开区间, $U \subset \mathbf{R}^n$ 为内含原点的区域, $n \geqslant 1$. 设存在 $x_0 \in I$, 使 $F(x_0, 0) = 0$, 且在 x_0 的任意小邻域内都存在 $x_1, x_2 \in I$, $x_1 < x_0 < x_2$, 使有 $F(x_1, 0)F(x_2, 0) < 0$, 则对任给 $\varepsilon > 0$, 都存在 $\delta > 0$, 使对一切 $|y| < \delta$ 函数 $F(x, y)$ 关于 x 在 x_0 的 ε 邻域内有根.

该引理的证明较容易, 留作练习.

第7讲 多重
根的扰动分析

例 3.3 设有函数 $F : I \times U \to \mathbf{R}$, 满足

$$F(x, \varepsilon) = f(x) + g(x, \varepsilon),$$

其中 I 为包含 $x = 0$ 的开区间, $U \subset \mathbf{R}^n$ 为原点的某邻域, $n \geqslant 1$, $f \in C^k(I)$, 且 $f(x) = x^k f_1(x)$, $f_1(0) \neq 0$, 又 $g \in C^k(I \times U)$, 且 $g(x, 0) = 0$. 证明

(1) 存在 $x = 0$ 的邻域 $I_0 \subset I$, 以及 $\delta > 0$, 使对一切 $|\varepsilon| < \delta$, 函数 $F(x, \varepsilon)$ 在 I_0 上关于 x 至多有 k 个互异根;

(2) 令

$$b_j(\varepsilon) = \frac{\partial^j g}{\partial x^j}(0, \varepsilon), \quad j = 0, \cdots, k-1, \quad \varepsilon = (\varepsilon_1, \cdots, \varepsilon_n).$$

如果矩阵 $\left.\dfrac{\partial(b_0, \cdots, b_{k-1})}{\partial(\varepsilon_1, \cdots, \varepsilon_n)}\right|_{\varepsilon=0}$ 的秩为 k, 则对 $x = 0$ 的任一邻域 $I_1 \subset I$, 存在 ε, 满足 $0 < |\varepsilon| < \delta$, 使得函数 $F(x, \varepsilon)$ 在 I_1 上关于 x 恰有 k 个互异根.

证明　先证明存在 $\delta > 0$, 使对一切 $|\varepsilon| < \delta$, 函数 F 在 $(-\delta, \delta)$ 上关于 x 至多有 k 个互异根. 用反证法. 如果结论不成立, 就是说, 任给充分小的 $\delta > 0$, 都存在 $|\varepsilon| < \delta$, 使得函数 $F(x, \varepsilon)$ 在 $(-\delta, \delta)$ 上关于 x 有 $k+1$ 个根. 取 $\delta = \dfrac{1}{m}$, m 充分大, 则存在 $\varepsilon_m \in U$, $|\varepsilon_m| < \dfrac{1}{m}$, 使得函数 $F(x, \varepsilon_m)$ 在 $\left(-\dfrac{1}{m}, \dfrac{1}{m}\right)$ 上关于 x 有 $k+1$ 个根, 记为 $x_{1m}, \cdots, x_{k+1, m}$, 不妨设 $x_{1m} < \cdots < x_{k+1, m}$. 对函数 $F(x, \varepsilon_m)$ 利用罗尔定理 k 次, 可知函数 $\dfrac{\partial F}{\partial x}(x, \varepsilon_m)$ 在 $\left(-\dfrac{1}{m}, \dfrac{1}{m}\right)$ 上关于 x 有 k 个根 $x_{jm}^{(1)}$, $j = 1, \cdots, k$, 且 $x_{jm}^{(1)} \in (x_{jm}, x_{j+1, m})$. 依次类推, 可知 $\dfrac{\partial^k F}{\partial x^k}(x, \varepsilon_m)$ 在 $\left(-\dfrac{1}{m}, \dfrac{1}{m}\right)$ 上关于 x 有根 $x_m^{(k)}$, 即

$$\frac{\partial^k F}{\partial x^k}(x_m^{(k)}, \varepsilon_m) = 0.$$

根据题设知 $F \in C^k(I \times U)$, 故 $\dfrac{\partial^k F}{\partial x^k}$ 是连续函数, 于是, 对上式两边取极限可得

$$\frac{\partial^k F}{\partial x^k}(0, 0) = 0.$$

由于 $g(x, 0) = 0$, 我们有 $\dfrac{\partial^k F}{\partial x^k}(0, 0) = f^{(k)}(0)$, 而由例 3.1 中的泰勒公式知 f_1 在 $x = 0$ 连续且 $f_1(0) = \dfrac{1}{k!}f^{(k)}(0)$. 因此, 应该有 $\dfrac{\partial^k F}{\partial x^k}(0, 0) \neq 0$. 矛盾. 结论 (1) 得证.

为证结论 (2), 首先对函数 F 利用例 3.1 中的泰勒公式可知

$$F(x, \varepsilon) = b_0(\varepsilon) + b_1(\varepsilon)x + \cdots + b_{k-1}(\varepsilon)x^{k-1} + x^k R(x, \varepsilon),$$

$$R(0, \varepsilon) = \frac{1}{k!}\left[f^k(0) + \frac{\partial^k g}{\partial x^k}(0, \varepsilon)\right], \quad R(0, 0) = f_1(0) \neq 0.$$

根据题设, 不妨设

$$\det \left. \frac{\partial(b_0, \cdots, b_{k-1})}{\partial(\varepsilon_1, \cdots, \varepsilon_k)}\right|_{\varepsilon = 0} \neq 0.$$

进一步, 取这样的 ε: $\varepsilon = (\hat{\varepsilon}, 0)$, 其中 $\hat{\varepsilon} = (\varepsilon_1, \cdots, \varepsilon_k)$, 并引入函数 G 如下:

$$G(\mu, \hat{\varepsilon}) = \begin{pmatrix} \mu_0 - b_0(\varepsilon) \\ \mu_1 - b_1(\varepsilon) \\ \vdots \\ \mu_{k-1} - b_{k-1}(\varepsilon) \end{pmatrix}, \quad \mu = (\mu_0, \cdots, \mu_{k-1}).$$

那么函数 G 为 C^1 类的, 且满足

$$G(0,0) = 0, \quad \det \frac{\partial G}{\partial \hat{\varepsilon}}(0,0) \neq 0.$$

由隐函数定理 (引理 3.4), 方程 $G(\mu, \hat{\varepsilon}) = 0$ 有唯一解 $\hat{\varepsilon} = \varphi(\mu) \in C^1$. 此时, 函数 F 成为

$$F(x, \varepsilon) = \mu_0 + \mu_1 x + \cdots + \mu_{k-1} x^{k-1} + x^k \bar{R}(x, \mu) \equiv \bar{F}(x, \mu), \quad \bar{R}(0,0) = f_1(0) \neq 0.$$

上式中新向量参数 μ 为自由参数, 它可在原点附近任意取值. 下面利用这一性质来获得函数 $\bar{F}$ 的 k 个根. 思路是这样的, 我们依次选取 k 个参数 $\mu_{k-1}, \cdots, \mu_1,$ μ_0, 满足条件

$$f_1(0)\mu_{k-1} < 0, \ \mu_{k-1}\mu_{k-2} < 0, \ \cdots, \ \mu_1\mu_0 < 0, \ |\mu_0| \ll |\mu_1| \ll \cdots \ll |\mu_{k-1}| \ll 1,$$

每选取一次, 函数 $\bar{F}(x, \mu)$ 就改变一次符号, 从而就产生一个正根, k 次选取就使得函数 $\bar{F}(x, \mu)$ 改变 k 次符号, 从而产生 k 个正根, 也就是说, 最后选定的满足上述条件的 μ, 就使得 $\bar{F}(x, \mu)$ 有 k 个正根. 为了详细说明这个过程, 今取 $k = 3$. 此时 $\bar{F}(x, \mu)$ 可写成下面的形式:

$$\bar{F}(x, \mu) = \mu_0 + \mu_1 x + \mu_2 x^2 + x^3[f_1(0) + r(x, \mu)], \quad r(0,0) = 0.$$

不妨设 $f_1(0) > 0$, 则当 $\mu_0 = \mu_1 = \mu_2 = 0$ 时, 只要 $x > 0$ 充分小就有 $\bar{F}(x, \mu) > 0$, 故存在 $\bar{x}_1 > 0$ 使 $\bar{F}(\bar{x}_1, 0) > 0$. 则由保号性, 当 $\mu_0 = \mu_1 = 0, 0 < |\mu_2| \ll 1$, 就成立 $\bar{F}(\bar{x}_1, \mu) > 0$, 为改变 $\bar{F}$ 的符号, 选取参数 μ_2 为负, 即 $0 < -\mu_2 \ll 1$, 那么此时有 $\bar{F}(x, \mu) = \mu_2 x^2 + x^3(f_1(0) + o(1)) < 0$, 只要 $0 < x \ll 1$. 于是, 由 $\bar{F}$ 的连续性知, 它必有一个正根, 记为 x_1, 易见 $\bar{F}$ 在这个根的两侧附近是异号的 (事实上这个根是单根). 对已取定的 μ_2, 再选取 μ_0 与 μ_1, 满足

$$\mu_0 = 0, \quad \mu_1 > 0, \quad 0 < \mu_1 \ll |\mu_2|, \tag{1.17}$$

此时只要 $0 < x \ll 1$ 则有

$$\bar{F}(x, \mu) = \mu_1 x + \mu_2 x^2 + x^3(f_1(0) + o(1)) > 0.$$

即函数 $\bar{F}(x, \mu)$ 又一次改变符号, 因此, 同样地在条件(1.17)之下, $\bar{F}(x, \mu)$ 有一个 (新的) 正根, 记为 x_2. 而利用引理 3.6, 之前的那个正根没有消失, 即此时的函数 $\bar{F}(x, \mu)$ 在原来的正根 x_1 附近仍有正根, 这个正根仍记为 x_1, 显然在条件(1.17)之下成立 $0 < x_2 < x_1$. 又易见 $\bar{F}$ 在这两个根的两侧附近都是异号的 (可证这两个正根都是单根). 固定已经选取的 μ_1, 最后, 选取 μ_0, 满足

$$\mu_0 < 0, \quad 0 < -\mu_0 \ll \mu_1,$$

使得函数 $\bar{F}(x,\mu)$ 第三次变号, 又获一个正根 x_3, 且仍利用引理 3.6, 上一步得到的两个正根仍然保持, 仍记为 x_1 与 x_2, 于是, 综上所述, 在 $f_1(0) > 0$ 的情况, 只要我们选取 $\mu = (\mu_0, \mu_1, \mu_2)$ 满足

$$0 < -\mu_0 \ll \mu_1 \ll -\mu_2 \ll 1,$$

就可最终使函数 $\bar{F}(x,\mu)$ 有三个正根.

评注与分析　我们知道, 如果 C^k 函数 f 满足

$$f^{(k)}(0) \neq 0, \quad f^{(j)}(0) = 0, \quad j = 0, 1, \cdots, k-1,$$

则称 $x = 0$ 为 f 的 k 重根. 上面例子中的条件 $f(x) = x^k f_1(x)$, f_1 在 $x = 0$ 连续, 且 $f_1(0) \neq 0$, 等价于 $x = 0$ 为函数 f 的 k 重根 (建议读者严格证明这个等价性), 而例子的结论可以这样描述: C^k 函数的 k 重根在小扰动之下至多能够产生 k 个根 (对所有的小扰动), 而在一定条件之下能够产生 k 个根 (存在这样的小扰动). 结论 (1) 的证明主要是利用反证法和罗尔定理, 结论 (2) 的证明有两个部分, 第一部分, 利用隐函数定理进行参数转换, 便于下一步的讨论; 第二部分, 找出 k 个根. 这第二部分又分为若干步骤. 函数 F 关于 x 根的个数与参数 μ 的取值有密切关系, 不同的 μ 一般会使 F 有不同个数的根. 上面我们找出 k 个根的过程写出来相当繁琐, 其实思路是很简单的, 关键是要领会寻找第一个根和第二个根的方法. 所用到的无非是连续函数的基本性质 (保号性和介值定理), 从寻找第一个根到寻找最后一个根每一步都是利用这两个性质. 需要注意的是, 在找根的过程中参数 μ 是动态的, 是不断变化的.

需要指出, 条件 $F \in C^k(I \times U)$ 虽是一个充分条件, 但一般不能随意去掉, 详之, 即使 $F \in C^{k-1}(I \times U)$, 但 $F \notin C^k(I \times U)$, 则其 k 重根 $x = 0$ 在扰动之下可以产生任意多个数的互异根. 事实上, 对任给的奇数 $m > 0$, 取 F 为

$$F(x, \varepsilon) = x^{k-1}(x^{1/m} - \varepsilon)(x^{1/m} - 2\varepsilon) \cdots (x^{1/m} - m\varepsilon),$$

它就有 m 个正根 (只要 $\varepsilon > 0$ 充分小).

如果 $F \in C^{k+1}(I \times U)$, 我们可以给出它存在 k 个正根的另一方法. 事实上, 同前可以把 $\bar{F}(x,\mu)$ 写为

$$\bar{F}(x,\mu) = \mu_0 + \mu_1 x + \cdots + \mu_{k-1} x^{k-1} + R_0(\mu) x^k + x^{k+1} R_1(x,\mu),$$

其中 $R_0(\mu)$ 连续可微, 且 $R_0(\mu) = f_1(0) + O(\mu)$, 而 R_1 连续. 令 $x = \varepsilon y$, $\mu_j = \varepsilon^{k-j} c_j$, $j = 0, 1, \cdots, k-1$, 其中 $\varepsilon > 0$ 为小参数, 而 c_j 为待定常数, 则由上式可得
$$\bar{F}(x, \mu) = \varepsilon^k[c_0 + c_1 y + \cdots + c_{k-1} y^{k-1} + f_1(0) y^k + \varepsilon \tilde{R}(y, \varepsilon)] \equiv \varepsilon^k[P_k(y) + \varepsilon \tilde{R}(y, \varepsilon)],$$
其中 $\tilde{R}(y, \varepsilon)$ 为连续函数. 现在选取常数 c_j, 使得多项式 $P_k(y)$ 有 k 个正根 $y_1, \cdots, y_k$, 例如, 可以有 $y_j = j$. 显然, 它们都是单根, 于是利用隐函数定理或利用引理 3.6 知, 当 $\varepsilon > 0$ 充分小时函数 $P_k(y) + \varepsilon \tilde{R}(y, \varepsilon)$ 必有 k 个正根 $\bar{y}_1(\varepsilon), \cdots, \bar{y}_k(\varepsilon)$, 且 $\bar{y}_j(0) = y_j$.

这一方法比前面的方法看上去简单易懂, 但对函数 F 的光滑性要求较高. 前面的方法可适用于其他类函数, 见下面的习题演练 3.2.

最后再指出, 例 3.3 的结论 (1) 中 "至多 k 个互异根" 可以改进为 "至多 k 个根 (包括重数在内)" (详见文献 [48]). 此时证明较为复杂, 可利用反证法和归纳法证之, 建议读者给出证明.

1.3.2 习题演练与讨论

习题演练 3.1 证明引理 3.6. 设 $F: I \times U \to \mathbf{R}$ 为连续函数, I 为一开区间, $U \subset \mathbf{R}^n$ 为内含原点的区域, $n \geqslant 1$. 设存在 $x_0 \in I$, 使 $F(x_0, 0) = 0$, 且在 x_0 的任意小邻域内都存在 $x_1, x_2 \in I$, $x_1 < x_0 < x_2$, 使有 $F(x_1, 0) F(x_2, 0) < 0$, 则任给 $\varepsilon > 0$, 存在 $\delta > 0$, 使对一切 $|y| < \delta$ 函数 $F(x, y)$ 关于 x 在 x_0 的 ε 邻域内有根.

第8讲 习题演练3.1—3.3 的解题思路

习题演练 3.2 考虑含参数的函数族
$$F(x, \mu) = \mu_0 + \mu_1 x \ln x + \mu_2 x + x^2 \ln x, \quad x \in (0, 1).$$
证明存在 $x_0 \in (0, 1)$, 使得对一切参数 μ_0, μ_1, μ_2, 函数 $F(x, \mu)$ 在区间 $(0, x_0)$ 上至多有三个根, 且存在小参数 μ_0, μ_1, μ_2, 使函数 $F(x, \mu)$ 在区间 $(0, x_0)$ 上有三个根.

提示 考虑偏导数 F_x, F_{xx} 与 $(x F_{xx})_x$.

习题演练 3.3 设有函数 $F: I \times U \to \mathbf{R}$, 满足
$$F(x, \varepsilon) = x^2 + g(x, \varepsilon),$$
其中 I 为包含 $x = 0$ 的开区间, $U \subset \mathbf{R}^n$ 为原点的某邻域, $n \geqslant 1$, $g \in C^2(I \times U)$, 且 $g(x, 0) = 0$. 证明存在 $\delta > 0$, 以及对一切 $|\varepsilon| < \delta$ 连续的函数 $\Delta(\varepsilon)$, 且 $\Delta(0) = 0$, 使得函数 $F(x, \varepsilon)$ 关于 x 在 $x = 0$ 的某邻域内

(1) 当 $\Delta(\varepsilon) > 0$ 时没有根;

(2) 当 $\Delta(\varepsilon) = 0$ 时有一个二重根;

(3) 当 $\Delta(\varepsilon) < 0$ 时有两个根.

提示　利用隐函数定理, 考虑方程 $F_x = 0$ 关于 x 的解 $x = \varphi(\varepsilon)$, 再令 $z = x - \varphi(\varepsilon)$, 并考虑所得函数在 $z = 0$ 处的二阶泰勒展式及其极值. 进一步思考: 条件 $g(x,0) = 0$ 是否可以改进?

1.4　无穷级数与曲线积分

1.4.1　范例详解与评述

例 4.1　设函数 $f(x)$ 满足下列条件:

1) 当 $a \leqslant x \leqslant b$ 时 $a \leqslant f(x) \leqslant b$, 其中 $a < b$ 为有限数;

2) 存在常数 $L \in (0,1)$, 使对一切 $x, y \in [a,b]$ 有 $|f(x) - f(y)| \leqslant L|x - y|$.

任取 $x_1 \in [a,b]$, 定义点列如下:

$$x_{n+1} = \frac{1}{2}(x_n + f(x_n)), \quad n = 1, 2, \cdots,$$

证明 $\lim\limits_{n \to \infty} x_n = x_0$ 存在, 且 $f(x_0) = x_0$.

证明　由题设知

$$x_1 \in [a,b], \quad f(x_1) \in [a,b], \quad x_2 = \frac{1}{2}(x_1 + f(x_1)) \in [a,b], \quad \cdots$$

一般地, 对于任意 $n \geqslant 1$ 有

$$a \leqslant x_n \leqslant b, \tag{1.18}$$

所以 x_n 对任意 $n \geqslant 1$ 有定义且满足(1.18)式.

由条件 2) 有

$$\begin{aligned}
|x_3 - x_2| &= \frac{1}{2}|(x_2 - x_1) + (f(x_2) - f(x_1))| \\
&\leqslant \frac{1}{2}(|x_2 - x_1| + |f(x_2) - f(x_1)|) \\
&\leqslant \frac{1}{2}(|x_2 - x_1| + L|x_2 - x_1|)
\end{aligned}$$

$$= \frac{1}{2}(1+L)|x_2 - x_1|.$$

类似可以推出

$$|x_4 - x_3| \leqslant \left(\frac{1+L}{2}\right)^2 |x_2 - x_1|.$$

继续下去, 有

$$|x_{n+1} - x_n| \leqslant \left(\frac{1+L}{2}\right)^{n-1} |x_2 - x_1|, \quad n \geqslant 3. \tag{1.19}$$

由于 $\sum_{k=1}^{\infty} \left(\frac{1+L}{2}\right)^k$ 收敛, 从而 $\sum_{k=1}^{\infty} |x_{k+1} - x_k|$ 收敛, 当然 $\sum_{k=1}^{\infty} (x_{k+1} - x_k)$ 也收敛, 故其前 n 项和

$$\sum_{k=1}^{n} (x_{k+1} - x_k) = x_{n+1} - x_1.$$

当 $n \to \infty$ 时有有限极限, 即 $\lim_{n\to\infty} x_n = x_0$ 存在. 由(1.18)式知 $x_0 \in [a,b]$.

由条件 2) 知 $f(x)$ 满足 Lipschitz 条件, 从而是连续的. 于是在

$$x_{n+1} = \frac{1}{2}(x_n + f(x_n))$$

中令 $n \to \infty$ 可得 $x_0 = \frac{1}{2}(x_0 + f(x_0))$, 即 $f(x_0) = x_0$.

评注与分析 例 4.1 以及上述证明取自第四届全国大学生数学竞赛 (数学类一、二年级) 竞赛试题 (2013 年) 和相关的参考答案. 这里的证明已经相当详细, 也不难理解. 满足 $f(x_0) = x_0$ 的点 x_0 称为函数 f 的不动点, 而所用的方法是 Picard 逼近法, 这个方法一般有如下三个步骤:

(1) 构造 Picard 序列, 如本题的 $\{x_n\}$;

(2) 证明所构造的序列收敛, 其极限就是我们所需要的 "解", 如本题的不动点;

(3) 证明所得到的 "解" 是唯一的.

为了论证上的严密性, 我们对上述证明可以做下列三点补充:

(1) 利用归纳法证明(1.18)式. 其证明是很简单的: 设已证 $x_k \in [a,b]$, 则 x_{k+1} 有意义, 且由其定义知 $x_{k+1} \in [a,b]$.

因为 $\{x_n\}$ 是用归纳法来定义出来的一个无限点列, $n \geqslant 1$, 要证明它满足一条性质就只好从 $n = 1$ 开始, 然后 $n = 2$. 但由于这个过程是无限的, 因此, 要完

成这个证明就要用归纳法了. 由于(1.18)式很容易推出来, 归纳的过程可以省略一些, 但应该提一下"利用归纳法可证".

(2) 类似地, 需要利用归纳法证明(1.19)式.

(3) 可以证明函数 f 在区间 $[a,b]$ 上有唯一的不动点. 请读者给出.

此外, 如果用 $x_{n+1} = f(x_n)$ 来定义点列 $\{x_n\}$, 则可以完全类似可证该点列也收敛, 而且收敛到 f 的不动点. 请读者给出证明.

下面的例子与常微分方程有一定联系. 考虑一个二元函数 $H(x,y)$, 设它满足

$$H(0,0) = 0, \quad H_x(0,0) = H_y(0,0) = 0,$$

且它在原点的小邻域内为 C^∞ 的正定函数. 那么这个函数的等位线 $H(x,y) = h$(其中 $h > 0$ 充分小) 定义了下面所谓的哈密顿系统:

$$\dot{x} = H_y, \quad \dot{y} = -H_x$$

在原点附近的闭轨线, 记为 L_h. 此时, 我们称原点是这个哈密顿系统的中心奇点, 简称中心. 如果这个中心是初等的, 即这个哈密顿系统的右端函数的雅可比行列式在原点不取零值

$$\det \frac{\partial(H_y, -H_x)}{\partial(x,y)}(0,0) \neq 0,$$

则不失一般性, 可设下列形式的展开式成立 (否则, 可通过适当的线性变换与时间尺度变换 $t \to kt$ 来实现):

$$H(x,y) = x^2 + y^2 + \sum_{i+j \geqslant 3} h_{ij} x^i y^j. \tag{1.20}$$

在这个约定下闭轨 L_h: $H(x,y) = h$ 为顺时针定向的. 现引入一个函数如下:

$$M(h) = \oint_{L_h} Q(x,y)dx - P(x,y)dy, \tag{1.21}$$

其中 P 与 Q 为在原点的小邻域内有定义的 C^∞ 函数, $h > 0$ 适当小, 而曲线积分沿顺时针求积. 由这个曲线积分定义的函数是研究上述哈密顿系统的闭轨族 L_h 产生极限环问题的重要工具. 这个函数 $M(h)$ 叫做下述微分方程扰动系统

$$\dot{x} = H_y + \varepsilon P(x,y), \quad \dot{y} = -H_x + \varepsilon Q(x,y)$$

的首阶 Melnikov 函数.

在后面的例 4.3 中我们将要证明存在 $\bar{h} > 0$, 使得函数 $M(h)$ 在区间 $[0, \bar{h})$ 上是 C^∞ 的, 特别地, 当 $0 < h \ll 1$ 时有下列形式展开

$$M(h) = \sum_{j \geqslant 1} b_j h^j. \tag{1.22}$$

在研究函数 M 的性质之前, 我们先来研究函数 H 的性质, 为了一般性, 下面讨论的函数 H 的种类比满足(1.20)式的函数类更广.

例 4.2 设 C^∞ 函数 $H(x, y)$ 满足

$$H(0,0) = 0, \quad H_x(0,0) = H_y(0,0) = 0, \quad H_{yy}(0,0) > 0,$$

第9讲 一类
光滑函数的
标准形

则

(1) 存在包含 $x = 0$ 的开区间 I 及定义于 I 上的 C^∞ 函数 $y = \varphi(x)$, 满足

$$\varphi(0) = 0, \quad \varphi'(0) = -\frac{H_{xy}(0,0)}{H_{yy}(0,0)},$$

使得 $H_y(x, \varphi(x)) = 0, \, x \in I$;

(2) 如果进一步有

$$H(x, \varphi(x)) = h_k x^k + O(x^{k+1}), \quad h_k \neq 0, \quad k \geqslant 2,$$

则存在原点的邻域 U 及定义于 U 上的 C^∞ 函数 $u = f(x)$, $v = g(x, y)$, 满足

$$f(x) = x(|h_k|)^{1/k} + O(x^2), \quad g(x,y) = [y - \varphi'(0)x]\left(\frac{1}{2}H_{yy}(0,0)\right)^{1/2} + O(x^2 + y^2),$$

使得局部地成立

$$H(x, y) = \text{sgn}(h_k)u^k + v^2,$$

其中当 $h_k > 0 \, (< 0)$ 时 $\text{sgn}(h_k) = 1 \, (-1)$.

(3) 对满足(1.20)式的函数 $H(x, y)$, 存在 C^∞ 函数 $u = f(x) = x + O(x^2)$, $v = g(x, y) = y + O(x^2 + y^2)$, 使得

$$H(x, y) = u^2 + v^2.$$

证明 对函数 $H_y(x, y)$ 直接利用隐函数定理 (引理 3.5) 即得结论 (1). 为证结论 (2), 引入新变量 $z = y - \varphi(x)$, 则

$$H(x, y) = H(x, \varphi(x) + z) \equiv H_1(x, z),$$

且由结论 (1) 知

$$H_{1z}(x, 0) = H_y(x, \varphi(x)) = 0, \quad H_{1zz}(0, 0) = H_{yy}(0, 0) > 0.$$

对函数 H_1 在 $z = 0$ 利用泰勒公式, 并利用上式可得

$$H_1(x, z) = H(x, \varphi(x)) + z^2 R_1(x, z), \quad R_1 \in C^\infty, \quad R_1(0, 0) = \frac{1}{2} H_{yy}(0, 0) > 0.$$

由假设知,

$$H(x, \varphi(x)) = \mathrm{sgn}(h_k) x^k \psi(x), \quad \psi \in C^\infty, \quad \psi(0) = |h_k| > 0,$$

于是, 再引入新变量

$$u = x[\psi(x)]^{1/k}, \quad v = z[R_1(x, z)]^{1/2},$$

则可得

$$H_1(x, z) = \mathrm{sgn}(h_k) u^k + v^2.$$

注意到 $v = (y - \varphi(x))[R_1(x, y - \varphi(x))]^{1/2}$, 即得结论 (2). 结论 (3) 是结论 (2) 的直接推论. 证毕.

评注与分析　例 4.2 所研究的问题其实是求函数 H 在原点附近的最简标准形问题, 这个问题及其答案都是新的. 从结果来看, 问题解决得很完整, 从论证过程来看, 解决问题的方法比较自然和容易. 数学问题是各种各样的, 有的问题很难解决, 不知道正确思路是什么, 有的问题一旦发现则解决起来并不困难, 比较困难的是发现它们. 该例的第一个结论很容易证明, 但却很有用, 而且这个结论有明显的几何意义. 以满足(1.20)式的函数为例, 在原点附近非平凡闭曲线 L_h 的最左点与最右点均位于曲线 $y = \varphi(x)$ 上, 反之, 该曲线就是由闭曲线族 $\{L_h\}$ 的最左点与最右点全体再加上原点所组成的, 而变换 $z = y - \varphi(x)$ 就是把这些点都变到 (拉平到) 横轴上.

此外, 上述例子的结论还可以推广到有限光滑函数, 例如, 设在原点附近 $H \in C^{k+1}$, 且 $H(x, y) = x^2 + y^2 + o(|x, y|^2)$, $k \geqslant 1$, 则可证必存在 C^{k-1} 变量变换 $u = f(x) = x + o(x)$, $v = g(x, y) = y + o(\sqrt{x^2 + y^2})$, 使得 $H(x, y) = u^2 + v^2$. 证

明的思路与例 4.2 完全类似, 而证明过程需要一些技巧, 详见 4.2 节 (这一节的证明技巧来自最近的论文 [8]).

例 4.3 设函数 $H(x,y)$, $P(x,y)$ 与 $Q(x,y)$ 在包含原点的某开集 V 上是 C^∞ 的, 且 H 满足 (1.20), 则存在 $\bar{h} > 0$, 使得函数由 (1.21) 定义的函数 $M(h)$ 在区间 $[0,\bar{h}]$ 上是 C^∞ 的, 特别, 当 $0 < h \ll 1$ 时展开式(1.22)在形式上成立.

证明 由例 4.2 知, 存在 C^∞ 的变量变换 $u = f(x) = x + O(x^2)$, $v = g(x,y) = y + O(x^2 + y^2)$, 使得

第10讲 一类曲线积分的解析性质

$$H(x,y) = u^2 + v^2.$$

由隐函数定理, 这个变换有 C^∞ 的逆变换

$$x = \varphi(u), \quad y = \psi(u,v), \quad (u,v) \in U,$$

其中 U 为包含 $(u,v) = (0,0)$ 的开集. 现对由 (1.21)式定义的曲线积分 $M(h)$ 施行这个变换, 并注意到

$$dx = \varphi' du, \quad dy = \psi_u du + \psi_v dv,$$

可得

$$M(h) = \oint_{u^2+v^2=h} \bar{Q}(u,v)du - \bar{P}(u,v)dv, \tag{1.23}$$

其中

$$\bar{P}(u,v) = P(\varphi,\psi)\psi_v, \quad \bar{Q}(u,v) = Q(\varphi,\psi)\varphi' - P(\varphi,\psi)\psi_u.$$

易见 $\bar{P}$, $\bar{Q} \in C^\infty(U)$. 设 $\bar{h} > 0$ 使圆周 $u^2 + v^2 = \bar{h}$ 包含在开集 U 中, 那么注意到曲线积分的定向是顺时针方向, 由 (1.23)式可得, 对一切 $h \in [0,\bar{h})$ 成立

$$M(h) = -\sqrt{h} \int_0^{2\pi} \left[\bar{Q}(\sqrt{h}\cos\theta, -\sqrt{h}\sin\theta)\sin\theta - \bar{P}(\sqrt{h}\cos\theta, -\sqrt{h}\sin\theta)\cos\theta \right] d\theta. \tag{1.24}$$

由含参量积分的性质 (引理 3.3), 函数 $M(h)$ 在开区间 $(0,\bar{h})$ 上是 C^∞ 的. 下面我们需要证明它在 $h = 0$ 也是 C^∞ 的. 为此, 我们引入下述函数:

$$N(r) = -r \int_0^{2\pi} \left[\bar{Q}(r\cos\theta, -r\sin\theta)\sin\theta - \bar{P}(r\cos\theta, -r\sin\theta)\cos\theta \right] d\theta, \quad |r| < \sqrt{\bar{h}}. \tag{1.25}$$

同样, 利用引理 3.3, 可知函数 N 在 $(-\sqrt{h}, \sqrt{h})$ 上为 C^∞ 函数, 又利用积分变量变换 $\theta = \tau + \pi$ 直接可证 $N(r) = N(-r)$, 即它是偶函数, 于是对任意正整数 n, 利用例 3.1 结论 (2) 中的泰勒公式可得

$$N(r) = \sum_{j=1}^{n} b_j r^{2j} + r^{2(n+1)} R_n(r), \quad R_n \in C^\infty. \tag{1.26}$$

注意到 $M(h) = N(\sqrt{h})$, 由(1.26) 式可得

$$M(h) = \sum_{j=1}^{n} b_j h^j + h^{n+1} S(h), \tag{1.27}$$

其中 $S(h) = R_n(\sqrt{h})$. 利用归纳法易证

$$S^{(l)}(h) = \sum_{j=1}^{l} A_{lj} R_n^{(l+1-j)}(\sqrt{h}) h^{-\frac{j+l-1}{2}}, \quad l \geqslant 1, \tag{1.28}$$

其中 A_{lj} 为常数, 由(1.28) 式可知, 当 $l \geqslant 1$ 时, $S^{(l)}(h) h^{l-\frac{1}{2}}$ 在 $(-\sqrt{h}, \sqrt{h})$ 上为连续函数. 由两个函数乘积的高阶导数的莱布尼茨公式知, 对任意正整数 $k \geqslant 1$,

$$(h^{n+1} \cdot S(h))^{(k)} = \sum_{l=0}^{k} B_{lk} S^{(l)}(h) h^{n+1+l-k},$$

其中 B_{lk} 为常数. 我们要证明对给定的 k, 当 n 适当大时必有

$$(h^{n+1} \cdot S(h))^{(k)} \to 0, \quad 当 h \to 0 时.$$

为此, 只需证明对 $l = 0, \cdots, k$, 当 n 适当大时必有

$$S^{(l)}(h) h^{n+1+l-k} = \left[S^{(l)}(h) h^{l-\frac{1}{2}} \right] h^{n+\frac{3}{2}-k} \to 0, \quad h \to 0.$$

由于 $S(h)$ 与 $S^{(l)}(h) h^{l-\frac{1}{2}} (l \geqslant 1)$ 均连续, 由上面的推导可知, 这只需对 $l = 0$ 有 $n+1-k > 0$, 而对 $l \geqslant 1$ 有 $n + \frac{3}{2} - k > 0$. 总之, 只需 $n \geqslant k$ 即可.

于是, 对任意给定的正整数 $k \geqslant 1$, 在(1.27)式中, 取某个 $n \geqslant k$ (例如 $n = k$), 对(1.27)式两边求 k 阶导数, 然后取极限可得

$$M^{(k)}(0) = \lim_{h \to 0} M^{(k)}(h) = k! b_k,$$

从而得知函数 M 在 $h = 0$ 是无穷次可微的, 由此进一步知道(1.22)式形式上成立.

评注与分析　例 4.3 的结论实际上是文献 [9] 中的一个主要定理, 而这里的证明比文献 [9] 中的较容易理解, 在证明细节和思路上与文献 [9] 有所不同. 其实, 仔细回想一下整个证明过程, 有几个细节还是值得思考与细化的.

(1) 首先, 上面给出了函数 M 与 N 的关系 $M(h) = N(\sqrt{h})$, 这由它们的定义即得. 能不能用 $M(r^2) = N(r)$ 来代替 $M(h) = N(\sqrt{h})$? 这是个容易迷惑的问题. 我们可以利用 M 的积分表达式(1.23) 直接得到

$$M(r^2) = \oint_{u^2+v^2=r^2} \bar{Q}(u,v)du - \bar{P}(u,v)dv,$$

由此式即知 M 关于 r 为偶函数, 再由关系式 $M(r^2) = N(r)$ 进一步知函数 N 为 r 的偶函数. 这样论证有问题吗? 我们来分析一下. 结论 "M 关于 r 为偶函数" 是显然的, 没有问题的. 问题是 "关系式 $M(r^2) = N(r)$ 对一切 $|r| < \bar{h}^{1/2}$ 成立" 是不容易说清楚的, 因为对上面 $M(r^2)$ 的积分表达式引入极坐标 $u = r\cos\theta$, $v = -r\sin\theta$ 时原则上要求 $r > 0$, 因此只能得到

$$M(r^2) = N(r), \quad 0 < r < \bar{h}^{1/2}.$$

所以, 为了严密, 我们没有利用 $M(r^2) = N(r)$ 来推出函数 N 为 r 的偶函数, 而是比照(1.24)式引出函数 N 的定义(1.25)式, 在这个定义中 r 可正可负. 利用这个定义, 我们证明 N 是偶函数, 这样做就没有任何问题了.

(2) 因为 N 是 C^∞ 的偶函数, (1.26)式就很容易看出了. 但为了严密性, 这里可以补加几句证明细节.

(3) (1.28)式需要用归纳法证明, 这里没有具体给出. 其实, 该式本身就是通过归纳而整理出来的, 然后再予以归纳证明, 这个过程在最初的推导中是必不可少的, 只是这里为了凸显思路和节省篇幅才略去了证明.

(4) 在(1.27)式中正整数 n 可以任意大, 由此即能看出函数 M 在 $h = 0$ 处是无限次可导的, 但我们并没有立即这么做, 因为这只是推测. 为了严密, 我们根据无限次可导的定义来完成证明, 即证明对一切正整数 k, $M^{(k)}(0)$ 都存在. 此外, 上面我们证明了展开式(1.22), 但并没有给出展开式里系数 b_j 的计算方法. 这其实可以利用(1.24)或(1.25)式来获得, 当然这需要求出下面的幂级数 (形式展开式):

$$\bar{P}(u,v) = \sum_{i+j\geqslant 0} a_{ij}u^i v^j, \quad \bar{Q}(u,v) = \sum_{i+j\geqslant 0} b_{ij}u^i v^j,$$

为此, 又需要先给出函数 $\varphi(u)$ 与 $\psi(u,v)$ 的形式展开式.

以上有关细节的补充留作习题演练.

1.4.2 习题演练与讨论

第11讲　习题
演练4.1—4.3
的解题思路

习题演练 4.1　补充例 4.3 证明中的一些细节, 即

(1) 利用定义(1.25) 证明函数 N 是偶函数;

(2) 利用 N 是 C^∞ 的偶函数, 证明 (1.26)式;

(3) 设 $S(h) = R_n(\sqrt{h})$, 用归纳法证明 (1.28)式.

习题演练 4.2　设 C^∞ 函数 $H(x,y)$ 满足(1.20)式, 又设存在 $h_0 > 0$, 使对 $h \in (0, h_0)$ 方程 $H(x,y) = h$ 在原点附近定义了一条顺时针定向的闭曲线 L_h, 其与正、负 y 轴的交点分别是 $A(h)$, $B(h)$, 用 $\widehat{A(h)B(h)}$ 表示 L_h 的位于右半平面的有向弧. 令

$$M^+(h) = \int_{\widehat{A(h)B(h)}} Q(x,y)dx - P(x,y)dy, \quad 0 < h < h_0,$$

其中 P 与 Q 为在原点的小邻域内有定义的 C^∞ 函数. 试研究函数 $M^+(h)$ 在 $h = 0$ 的性质.

习题演练 4.3　设 C^∞ 函数 $H(x,y)$ 满足

$$H(0,0) = 0, \quad H_x(0,0) = H_y(0,0) = 0, \quad H_{yy}(0,0) > 0,$$

又设 $H(x, \varphi(x)) = x^4 + O(x^5)$, 其中 $H_y(x, \varphi(x)) = 0$, 试研究由(1.21)式定义的函数 $M(h)$ 在 $h = 0$ 的性质.

提示　先利用例 4.2 的结论, 得到

$$M(h) = \oint_{u^4 + v^2 = h} \bar{Q}(u,v)du - \bar{P}(u,v)dv,$$

再利用格林公式, 将 $M(h)$ 改写为

$$M(h) = \oint_{u^4 + v^2 = h} Q^*(u,v)du,$$

其中

$$Q^*(u,v) = \bar{Q}(u,v) - \bar{Q}(u,0) + \int_0^v \bar{P}_u(u,s)ds.$$

然后, 将 $Q^*(u,v)$ 展开成形式幂级数或 n 阶泰勒公式 (其中 n 为任一充分大的正整数), 将 $M(h)$ 化成定积分, 逐项计算. (更一般的情况, 可参考文献 [10] 第三章第 4 节.)

在上面两题 (习题演练 4.2 与习题演练 4.3) 中, 我们没有具体给出明确的结论, 这需要读者通过思考与研究来获得. 做题先要审题, 最重要的是运用正确的逻辑思维方式找出合适有效的方法步骤, 这样才能获得有价值的结论. 当然, 不同的方法步骤有可能获得相同的结果, 也就是说研究方法不是唯一的. 然而广受欢迎和易于留传的则是那些比较初等且又简洁易懂的方法.

弄明白如何做题只是一个方面. 另一个方面就是完完整整、有条有理地把题目做出来, 在写作的过程中, 要始终遵循写作的三个基本原则.

1.5 一阶常微分方程

1.5.1 范例详解与评述

我们知道, 标量线性常微分方程的标准形式为

$$\frac{dy}{dx} = a(x)y + b(x), \tag{1.29}$$

其中 $a(x)$ 与 $b(x)$ 为定义于某区间 I 上的连续函数. 相应的线性齐次方程

$$\frac{dy}{dx} = a(x)y$$

是变量可分离的, 其通解为

$$y = ce^{\int_{x_0}^{x} a(u)du}, \quad x, x_0 \in I.$$

现把任意常数 c 视为新变量, 对(1.29)式施行上述变量变换, 则得到

$$\frac{dc}{dx} e^{\int_{x_0}^{x} a(u)du} = b(x),$$

这是个可以直接求解的方程, 其通解为

$$c = y_0 + \int_{x_0}^{x} e^{-\int_{x_0}^{v} a(u)du} b(v)dv,$$

其中 y_0 可视为任意常数. 于是, 我们得到(1.29)式满足初值条件 $y(x_0) = y_0$ 的解如下:

$$y = e^{\int_{x_0}^{x} a(u)du} \left[y_0 + \int_{x_0}^{x} e^{-\int_{x_0}^{v} a(u)du} b(v)dv \right]. \tag{1.30}$$

这就是我们熟知的求解线性方程(1.29)式的常数变易公式. 下面的引理给出了这个公式对非线性微分方程的一个直接应用.

引理 5.1　设 $y = y(x)$ 为下列微分方程

$$\frac{dy}{dx} = a(x)y + f(x,y) \tag{1.31}$$

满足初值条件 $y(x_0) = y_0$ 的解, 那么这个解必满足下列积分方程:

$$y(x) = e^{\int_{x_0}^{x} a(u)du}\left[y_0 + \int_{x_0}^{x} e^{-\int_{x_0}^{v} a(u)du} f(v, y(v))dv\right]. \tag{1.32}$$

这里假设 f 在某矩形区域 $I \times J$ 上连续 (I 与 J 均为区间), $a(x)$ 在 I 上连续, $x_0 \in I$, $y(x)$ 在 I 上有定义, 且其值域含于 J.

作为下面例子的预备, 我们再给出两个引理 (它们的证明作为习题演练).

引理 5.2　设 $u(x)$ 与 $g(x)$ 为闭区间 $[a,b]$ 上的非负连续函数, $x_0 \in [a,b]$, 如果存在常数 $M \geqslant 0$ 使得

$$u(x) \leqslant M + \left|\int_{x_0}^{x} u(s)g(s)ds\right|, \quad a < x < b,$$

则有

$$u(x) \leqslant Me^{\left|\int_{x_0}^{x} g(s)ds\right|}, \quad a \leqslant x \leqslant b.$$

引理 5.3　设 $a(x)$ 为一连续的 T 周期函数, 即 $a(x+T) = a(x)$, 则存在二元可微函数 $B(x,y)$, 满足 $B(x+T,y) = B(x,y+T) = B(x,y)$, 使得

$$\int_{x_0}^{x} a(u)du = \bar{a}(x - x_0) + B(x, x_0), \quad \bar{a} = \frac{1}{T}\int_{0}^{T} a(x)dx.$$

例 5.1　考虑微分方程(1.31), 其中假设 $a(x)$ 对一切 $x \in \mathbf{R}$ 连续, f, $\frac{\partial f}{\partial y}$ 与 $\frac{\partial^2 f}{\partial y^2}$ 对一切 $x \in \mathbf{R}$, $y \in (-1,1)$ 都连续, $f(x,0) = \frac{\partial f}{\partial y}(x,0) = 0$, 并且存在常数 $T > 0$, 使得

$$a(x+T) = a(x), \quad f(x+T,y) = f(x,y).$$

则当 $\int_{0}^{T} a(x)dx < 0$ 时, 必存在正常数 $\delta > 0$, 使得对任一 $x_0 \in \mathbf{R}$, $y_0 \in (-\delta, \delta)$, 方程(1.31)满足初值条件 $y(x_0) = y_0$ 的解 $y(x)$ 都满足

$$\lim_{x \to +\infty} y(x) = 0.$$

证明   首先, 由 f 所满足的条件, 应用泰勒公式 (及例 3.1 的评注与分析) 可知存在 $\mathbf{R} \times (-1,1)$ 上的连续函数 $g(x,y)$, 使得 $f(x,y) = y^2 g(x,y)$. 易见函数 g 在闭矩形 $[0,T] \times [-1/2, 1/2]$ 上有界, 故由 f 关于 x 的周期性知, 函数 g 关于 x 也是周期的 (周期为 T), 从而它在带域 $\mathbf{R} \times [-1/2, 1/2]$ 上有界, 从而, 对 $x \in \mathbf{R}$ 一致成立

$$\lim_{y \to 0} \frac{f(x,y)}{y} = 0,$$

又注意到

$$\bar{a} = \frac{1}{T} \int_0^T a(x)dx < 0,$$

由此知, 对满足 $\bar{a} + L < 0$ 的任意正数 $L > 0$, 都必存在 $\delta_L > 0$, 使有

$$|f(x,y)| \leqslant L|y|, \quad x \in \mathbf{R}, \quad y \in (-\delta_L, \delta_L). \tag{1.33}$$

现在, 取定这样一个 L. 下面我们证明存在常数 $M \geqslant 1$ 及 $\delta = \delta_L/M$, 使对一切 $x_0 \in \mathbf{R}, y_0 \in (-\delta, \delta)$ 成立

$$|y(x)| \leqslant M|y_0|e^{(\bar{a}+L)(x-x_0)}, \quad x \geqslant x_0. \tag{1.34}$$

事实上, 对函数 $a(x)$ 利用引理 5.3, 可知成立

$$e^{\int_{x_0}^x a(u)du} = e^{\bar{a}(x-x_0)}e^{B(x,x_0)},$$

因为函数 B 是连续的且关于 x 与 x_0 分别有周期 T, 于是存在常数 $b_0 \geqslant 0$, 使得 $|B(x,x_0)| \leqslant b_0$, 取 $M = e^{b_0}$, 则

$$e^{\int_{x_0}^x a(u)du} \leqslant Me^{\bar{a}(x-x_0)}, \quad x \geqslant x_0. \tag{1.35}$$

下面证明对已经选取的常数 L 与 M, 以及 $\delta = \delta_L/M$, (1.34)式必成立.

取初始值 y_0 满足 $|y_0| < \delta$, 注意到 $\delta \leqslant \delta_L$, 那么当 x 在 x_0 的右侧附近时必有 $|y(x)| < \delta_L$. 现设 X 为满足

$$当 0 < x - x_0 < X 时, \quad |y(x)| < \delta_L$$

的任意正数, 则由(1.33)式可知, 当 $0 < x - x_0 < X$ 时就有 $|f(x,y(x))| \leqslant L|y(x)|$. 于是, 由引理 5.1 中的 (1.32) 式就有

$$|y(x)| \leqslant e^{\int_{x_0}^x a(u)du}\Big[|y_0| + \int_{x_0}^x e^{-\int_{x_0}^v a(u)du}L|y(v)|dv\Big], \quad 0 < x - x_0 < X.$$

令 $u(x) = e^{-\int_{x_0}^{x} a(u)du}|y(x)|$, 则上式成为

$$u(x) \leqslant |y_0| + L \int_{x_0}^{x} u(v)dv, \quad 0 < x - x_0 < X.$$

利用引理 5.2 可得

$$u(x) \leqslant |y_0|e^{L(x-x_0)}, \quad 0 < x - x_0 \leqslant X,$$

即

$$|y(x)| \leqslant e^{\int_{x_0}^{x} a(u)du}|y_0|e^{L(x-x_0)}, \quad 0 < x - x_0 \leqslant X,$$

从而由(1.35)式知

$$|y(x)| \leqslant M|y_0|e^{(\bar{a}+L)(x-x_0)}, \quad 0 < x - x_0 \leqslant X, \tag{1.36}$$

特别有

$$|y(x_0 + X)| \leqslant M|y_0|e^{(\bar{a}+L)X} < M\delta = \delta_L.$$

因而, 只要 $|y_0| < \delta$, 那么对任意正数 X, 如果当 $x_0 < x < x_0 + X$ 时 $|y(x)| < \delta_L$, 就一定有 $|y(x_0 + X)| < \delta_L$. 由此可知, 只要 $|y_0| < \delta$, 那么对一切 $x > x_0$ 必成立 $|y(x)| < \delta_L$. 再由(1.36)式的证明即知(1.34)式成立. 结论证毕.

评注与分析　不等式(1.34) 说明微分方程(1.31)的零解是 Lyapunov 意义下指数渐近稳定的. 这一结论可推广到高维周期微分方程. 例 5.1 的证明看上去比较复杂, 也有较高的技巧, 其中关键点是利用引理 5.1∼引理 5.3 这三个引理 (其中引理 5.2 的结论常称为 Bellman 不等式) 以及归纳的思想. 一般说来, 解 $y(x)$ 未必对一切 $x > x_0$ 都有定义, 但在例 5.1 的条件下, 只要 $|y_0|$ 适当小, 那么解 $y(x)$ 对一切 $x > x_0$ 都有定义. 这一点的证明也值得细心体会.

研究周期微分方程解的性质 (包括稳定性、周期解的存在性及其个数等) 的重要工具是所谓的 Poincaré 映射. 我们将引入这个函数. 考虑一维周期微分方程

$$\frac{dy}{dx} = f(x, y), \tag{1.37}$$

其中函数 f 满足下列基本假设 (后面不再复述):

$$f \in C(\mathbf{R}^2), \quad f_y \in C(\mathbf{R}^2), \quad f(x+T, y) = f(x, y), \quad T > 0.$$

在这一假设下, 由解的存在唯一性定理知, 对任一点 $y_0 \in \mathbf{R}$ 微分方程(1.37) 有满足初值条件 $y(0) = y_0$ 的唯一解, 记为 $y(x, y_0)$, 根据解的延拓定理, 其关于 x 的定义域是包含 $x = 0$ 的一个区间, 记为 $I(y_0)$. 这个区间可能包含 T, 也可能不包含 T, 我们假设存在 $\bar{y}_0 \in \mathbf{R}$ 使得 $I(\bar{y}_0) \supset [0, T]$, 则由解对初值的连续性定理知, 当 $|y_0 - \bar{y}_0|$ 适当小时也有 $I(y_0) \supset [0, T]$. 于是对这样的一些 y_0, 我们可以引入函数 P 如下:

$$P(y_0) = y(T, y_0).$$

我们称这个函数为(1.37)式的 Poincaré 映射. 下面的例 5.2 给出了这个映射的基本性质.

例 5.2   假设存在 $\bar{y}_0 \in \mathbf{R}$ 使得 $I(\bar{y}_0) \supset [0, T]$. 则

(1) 存在开区间 J, 包含 $\bar{y}_0$, 使得 $I(y_0) \supset [0, T]$ 当且仅当 $y_0 \in J$. 换句话说, 函数 P 的定义域为 J.

(2) 对给定点 $y_0 \in J$, 解 $y(x, y_0)$ 为 T 周期的当且仅当 y_0 为 P 的不动点, 即 $P(y_0) = y_0$.

(3) 如果存在正整数 $k \geqslant 1$, 使 $\dfrac{\partial^k f}{\partial y^k} \in C(\mathbf{R}^2)$, 则 $P \in C^k(J)$.

证明   根据假设, 解 $y(x, \bar{y}_0)$ 对一切 $x \in [0, T]$ 有定义, 由解对初值的连续性知, 当 $|y_0 - \bar{y}_0|$ 适当小时, 解 $y(x, y_0)$ 对一切 $x \in [0, T]$ 也有定义. 下面我们分四种可能的情况分别进行讨论.

(a) 对一切 $y_0 \in \mathbf{R}$, 解 $y(x, y_0)$ 对一切 $x \in [0, T]$ 都有定义, 即 $I(y_0) \supset [0, T]$, 此时显然有 $J = \mathbf{R}$.

(b) 对一切 $y_0 > \bar{y}_0$, 解 $y(x, y_0)$ 对一切 $x \in [0, T]$ 都有定义 (此时有 $J \supset [\bar{y}_0, +\infty)$), 且存在 $y_0^- < \bar{y}_0$, 使得 $T \notin I(y_0^-)$, 即解 $y(x, y_0^-)$ 在 $x = T$ 没有定义. 则由解的唯一性和延拓定理知, $y(x, y_0^-)$ 的定义域 $I(y_0^-)$ 有有限的右端点, 记为 X^*, $X^* \notin I(y_0^-)$, $X^* \leqslant T$, 且当 $x \to X^*-$ 时 $y(x, y_0^-) \to -\infty$. 在带域 $0 \leqslant x \leqslant T$, $|y| < +\infty$ 上作出解 $y(x, y_0^-)$ 的积分曲线图, 就很容易理解这些结论. 令

$$\alpha = \sup\{y_0 | \ y_0 < \bar{y}_0, \ T \notin I(y_0)\}.$$

显然, $y_0^- \leqslant \alpha < \bar{y}_0$, 且 $T \notin I(\alpha)$, 对一切 $y_0 < \alpha$ 均有 $T \notin I(y_0)$. 于是 $J = (\alpha, +\infty)$.

(c) 对一切 $y_0 < \bar{y}_0$, 解 $y(x, y_0)$ 对一切 $x \in [0, T]$ 都有定义 (此时有 $J \supset$

$(-\infty, \bar{y}_0])$, 且存在 $y_0^+ > \bar{y}_0$, 使得 $T \notin I(y_0^+)$. 对这种情况, 与情况 (b) 类似可证有 $J = (-\infty, \beta)$, 其中

$$\beta = \inf\{y_0 |\ y_0 > \bar{y}_0,\ T \notin I(y_0)\}.$$

(d) 存在 $y_0^+ > \bar{y}_0$ 与 $y_0^- < \bar{y}_0$, 使得 $T \notin I(y_0^+)$, $T \notin I(y_0^-)$. 由上面之讨论易知, 上面定义的量 α 与 β 均存在有限, 且 $J = (\alpha, \beta)$. 即得结论 (1).

给定点 $y_0 \in J$. 若 $y(x, y_0)$ 是 T 周期的, 即 $y(x + T, y_0) = y(x, y_0)$, 特别令 $x = 0$, 可得 $P(y_0) = y(T, y_0) = y_0$. 反之, 设 $P(y_0) = y_0$. 考察函数 $y_1(x) = y(x+T, y_0)$. 直接验证可知这个函数也是(1.37)式的解, 且因为 $P(y_0) = y_0$ 解 $y_1(x)$ 与解 $y(x, y_0)$ 有相同的初值 (当 $x = 0$ 时), 因此, 由解的存在唯一性知, 解 $y_1(x)$ 与 $y(x, y_0)$ 必是同一个解, 即 $y(x + T, y_0) = y_1(x) = y(x, y_0)$, 于是 $y(x, y_0)$ 是 T 周期的. 结论 (2) 得证.

再证结论 (3). 引入平面一个集合如下:

$$G = \{(x, y_0) |\ x \in I(y_0),\ y_0 \in J\}.$$

下面用归纳法证明: 当 $\dfrac{\partial^k f}{\partial y^k} \in C(\mathbf{R}^2)$ 时, $\dfrac{\partial^k y}{\partial y_0^k}(x, y_0)$ 必在 G 上存在、连续. 首先, 由解对初值的可微性定理知, 在对(1.37)式所做的基本假设下, 解 $y(x, y_0)$ 的偏导数 $\dfrac{\partial y}{\partial y_0}$ 是下列初值问题的解:

$$\frac{dz}{dx} = \frac{\partial f}{\partial y}(x, y(x, y_0))z, \quad z(0) = 1.$$

于是,

$$\frac{\partial y}{\partial y_0}(x, y_0) = e^{\int_0^x \frac{\partial f}{\partial y}(s, y(s, y_0))ds}. \tag{1.38}$$

这说明当 $k = 1$ 时结论成立. 假设该结论对 $k - 1$ 成立, 即当 $\dfrac{\partial^{k-1} f}{\partial y^{k-1}} \in C(\mathbf{R}^2)$ 时 $\dfrac{\partial^{k-1} y}{\partial y_0^{k-1}}(x, y_0)$ 在 G 上存在、连续. 现设 $\dfrac{\partial^k f}{\partial y^k} \in C(\mathbf{R}^2)$, 则由归纳假设知 $\dfrac{\partial^{k-1} y}{\partial y_0^{k-1}}(x, y_0)$ 在 G 上存在、连续. 令 $F(x, y_0) = \dfrac{\partial f}{\partial y}(x, y(x, y_0))$, 则 F 在 G 上有 $k - 1$ 阶的连续偏导数. 注意到

$$\int_0^x \frac{\partial f}{\partial y}(s, y(s, y_0))ds = \int_0^x F(s, y_0)ds = x \int_0^1 F(xt, y_0)dt,$$

由含参量积分的性质可知(1.38)式的右端在 G 上关于 y_0 有 $k-1$ 阶的连续偏导数, 也即 $\dfrac{\partial y}{\partial y_0}(x, y_0)$ 有 $k-1$ 阶的连续偏导数, 从而 $y(x, y_0)$ 在 G 上关于 y_0 有 k 阶的连续偏导数. 于是得证所述结论成立. 由于 $P(y_0) = y(T, y_0)$, 从而 $P^{(k)}(y_0) = \dfrac{\partial^k y}{\partial y_0^k}(T, y_0)$ 在 J 上存在、连续. 证毕.

评注与分析 我们在大学常微分方程课程中学过有关解的性质的基本理论 (这部分内容既是重点又是难点), 包括三类基本定理: 解的存在唯一性定理 (这类的定理一般有两个, 涉及的定义域一个是矩形区域, 一个是一般区域)、解的延拓定理 (一般也是有多个定理)、解对初值与参数的连续性和可微性等. 我们在上面例子中讨论函数 P 的性质时同时用到了这三类定理. 因此, 通过这个例子, 我们初步体验了基本定理的重要作用. 利用(1.38)式, 直接得到

$$P'(y_0) = e^{\int_0^T \frac{\partial f}{\partial y}(x, y(x, y_0)) dx}.$$

若 $\dfrac{\partial^2 f}{\partial y^2}$ 存在、连续, 则由上式进一步可得

$$P''(y_0) = P'(y_0) \int_0^T \frac{\partial^2 f}{\partial y^2}(s, y(s, y_0)) \frac{\partial y}{\partial y_0}(s, y_0) ds.$$

利用上述两个导数公式以及罗尔定理可证: 如果 $\dfrac{\partial f}{\partial y}$ 恒正或恒负, 则方程(1.38)至多有一个周期解; 如果 $\dfrac{\partial^2 f}{\partial y^2}$ 恒正或恒负, 则方程(1.38)至多有两个周期解. 我们指出, 沿着这个思路还可以进一步证明, 如果 $\dfrac{\partial^3 f}{\partial y^3}$ 恒正或恒负, 则方程(1.38)至多有三个周期解, 但有例子表明, 尽管 $\dfrac{\partial^4 f}{\partial y^4}$ 恒正或恒负, 但方程(1.38)却可以有很多个周期解.

研究一般的一维周期方程周期解的个数问题其实是一个世界难题, 到目前仍有不少国内外专家开展这方面的研究. 这个问题与平面系统的 Hopf 分支有密切联系, 因为平面系统的 Hopf 分支问题可以通过极坐标变换化为一维周期方程. 有兴趣的读者可参考文献 [10]~[13] 等.

例 5.3 考虑平面 C^∞ 系统

$$\begin{aligned} \dot{x} &= ax + by + F(x, y) = f(x, y), \\ \dot{y} &= cx + dy + G(x, y) = g(x, y), \end{aligned} \tag{1.39}$$

其中 $a + d = 0$, 函数 F 与 G 为 C^∞ 函数, 且满足

$$F(0,0) = G(0,0) = 0, \quad \frac{\partial(F, G)}{\partial(x, y)}(0,0) = 0.$$

假设与(1.39)式相应的线性系统 $\dot{x} = ax + by$, $\dot{y} = cx + dy$ 以原点为初等中心, 即特征多项式 $h(\lambda) = \lambda^2 + ad - bc$ 有一对共轭纯虚根 $i\beta$, $\beta \neq 0$. 证明: 任给整数 $m \geqslant 1$ 存在 $2m + 1$ 的多项式变换 $(x, y)^T = Q(u, v)$, 在原点附近把(1.39)式变为下述标准型:

$$
\begin{aligned}
\dot{u} &= \beta v + \sum_{j=1}^{m} (a_j u + b_j v)(u^2 + v^2)^j + O(|u, v|^{2m+2}), \\
\dot{v} &= -\beta u + \sum_{j=1}^{m} (-b_j u + a_j v)(u^2 + v^2)^j + O(|u, v|^{2m+2}).
\end{aligned}
\tag{1.40}
$$

证明　易求出

$$|\beta| = \frac{1}{2}\sqrt{-4bc - (a - d)^2}, \quad \beta \in \mathbf{R}.$$

由此易知 $bc \neq 0$. 引入可逆矩阵 C 及其逆 C^{-1} 如下:

$$
C = \begin{pmatrix} 1 & \dfrac{-a}{\beta} \\ 0 & -\dfrac{c}{\beta} \end{pmatrix}, \quad
C^{-1} = \begin{pmatrix} 1 & \dfrac{-a}{c} \\ 0 & -\dfrac{\beta}{c} \end{pmatrix}.
$$

由 $a + d = 0$ 易知

$$
C^{-1} \begin{pmatrix} a & b \\ c & d \end{pmatrix} C = \begin{pmatrix} 0 & \beta \\ -\beta & 0 \end{pmatrix}.
$$

于是线性变换 $(x, y)^T = C(u, v)^T$ 把(1.39)式变为

$$\dot{u} = \beta v + \tilde{F}(u, v), \quad \dot{v} = -\beta u + +\tilde{G}(u, v),$$

其中 $\tilde{F}, \tilde{G} = O(|u, v|^2)$. 因此, 我们不妨设(1.39)式具有下述形式:

$$\dot{x} = \beta y + F(x, y) = f(x, y), \quad \dot{y} = -\beta x + G(x, y) = g(x, y). \tag{1.41}$$

为了方便, 我们对(1.41)式引入复变量 $z = x + iy$, $\bar{z} = x - iy$, 或

$$
\begin{pmatrix} z \\ \bar{z} \end{pmatrix} = \begin{pmatrix} 1 & i \\ 1 & -i \end{pmatrix} \begin{pmatrix} x \\ y \end{pmatrix},
\tag{1.42}
$$

则(1.41) 式成为

$$
\begin{aligned}
\dot{z} &= f\left(\frac{z+\bar{z}}{2}, \frac{z-\bar{z}}{2\mathrm{i}}\right) + \mathrm{i}g\left(\frac{z+\bar{z}}{2}, \frac{z-\bar{z}}{2\mathrm{i}}\right) \equiv h(z,\bar{z}), \\
\dot{\bar{z}} &= f\left(\frac{z+\bar{z}}{2}, \frac{z-\bar{z}}{2\mathrm{i}}\right) - \mathrm{i}g\left(\frac{z+\bar{z}}{2}, \frac{z-\bar{z}}{2\mathrm{i}}\right) \equiv \bar{h}(z,\bar{z}).
\end{aligned}
\tag{1.43}
$$

易见 $\bar{h}$ 就是 h 的共轭. 因此我们实际上可以不写出上述方程组的第二式, 因为该式可以通过对第一式取共轭来获得.

由(1.41)式与(1.43)式易知复函数 h 的线性项为 $-\mathrm{i}\beta z$, 故该函数的展式可写成

$$
h(z,\bar{z}) = -\mathrm{i}\beta z + \sum_{2 \leqslant j+k \leqslant 2m+1} A_{jk} z^j \bar{z}^k + O(|z|^{2m+2}). \tag{1.44}
$$

我们欲求一个多项式变换

$$
z = \omega + \sum_{2 \leqslant j+k \leqslant 2m+1} C_{jk} \omega^j \overline{\omega}^k = \omega + p(\omega, \overline{\omega}), \tag{1.45}
$$

(其中 C_{jk} 为待定常数) 使得由(1.43)式第一式所得到的新方程

$$
\dot{\omega} = -\mathrm{i}\beta\omega + \sum_{2 \leqslant j+k \leqslant 2m+1} B_{jk} \omega^j \overline{\omega}^k + O(|\omega|^{2m+2}) \tag{1.46}
$$

尽可能地简单, 即希望尽可能多的系数 B_{jk} 是零.

为此, 对(1.45) 式两边关于 t 求导, 并利用 (1.43)式, (1.44)式与 (1.46)式可得

$$
\begin{aligned}
&\left[1 + \sum_{j+k=2}^{2m+1} C_{jk} j \omega^{j-1} \overline{\omega}^k\right]\left[-\mathrm{i}\beta\omega + \sum_{j+k=2}^{2m+1} B_{jk} \omega^j \overline{\omega}^k\right] \\
&\quad + \sum_{j+k=2}^{2m+1} C_{jk} k \omega^j \overline{\omega}^{k-1}\left[\mathrm{i}\beta\overline{\omega} + \sum_{j+k=2}^{2m+1} \bar{B}_{jk} \omega^k \overline{\omega}^j\right] \\
&= -\mathrm{i}\beta\left[\omega + \sum_{2 \leqslant j+k \leqslant 2m+1} C_{jk} \omega^j \overline{\omega}^k\right] \\
&\quad + \sum_{j+k=2}^{2m+1} A_{jk}(\omega + p(\omega, \overline{\omega}))^j (\overline{\omega} + \overline{p}(\omega, \overline{\omega}))^k + O(|\omega|^{2m+2}).
\end{aligned}
$$

首先, 对 $j+k=2$ 的情况, 考虑项 $\omega^j \overline{\omega}^k$ 之系数, 可得

$$
-\mathrm{i}\beta C_{jk} j \omega^j \overline{\omega}^k + B_{jk} \omega^j \overline{\omega}^k + \mathrm{i}\beta C_{jk} k \omega^j \overline{\omega}^k = -\mathrm{i}\beta C_{jk} \omega^j \overline{\omega}^k + A_{jk} \omega^j \overline{\omega}^k,
$$

即

$$B_{jk} = A_{jk} + \mathrm{i}\beta C_{jk}(j - k - 1). \tag{1.47}$$

因此, 为使 $B_{jk} = 0$, 如果

$$j \neq k + 1, \tag{1.48}$$

我们就可以选取

$$C_{jk} = \frac{A_{jk}}{\mathrm{i}\beta(1 + k - j)}.$$

显然, 由于 $j + k = 2$, (1.48)式是成立的, 因此, 总可以适当选取 (1.45)式中的二次项系数 C_{jk} 使得新方程(1.46)所有二次项系数 $B_{jk} = 0$.

其次, 对 $j + k = 3$, 考虑项 $\omega^j \overline{\omega}^k$ 的系数, 与前面类似可得

$$B_{jk} = A_{jk} + \mathrm{i}\beta C_{jk}(j - k - 1) + Z_{jk}, \tag{1.49}$$

其中 Z_{jk} 依赖于 $C_{j'k'}(j' + k' = 2)$. 同理, 只要 j 与 k 满足 (1.48) 式我们就可选择 C_{jk} 满足

$$C_{jk} = \frac{1}{\mathrm{i}\beta(1 + k - j)}[A_{jk} + Z_{jk}]$$

使得新方程中 $B_{jk} = 0$. 目前剩下来的项 (这些项不满足(1.48)式) 是 $B_{21}\omega^2\overline{\omega}$, 称其为共振项, 此时系数 B_{21} 由(1.49)式给出, 而 C_{21} 则可以任意取值, 例如可取 $C_{21} = 0$.

对更高次项, (1.49)式仍然有效, 其中 Z_{jk} 仅依赖于满足 $2 \leqslant j' + k' < j + k$ 的项 $C_{j'k'}$. 因此, 我们可以找到一个形如(1.45)式的变量变换, 使得对满足(1.48)式的所有项 $B_{jk}\omega^j\overline{\omega}^k$ 都可以消去, 而消不去的项, 即共振项是 $B_{k+1,k}\omega^{k+1}\overline{\omega}^k$, 而所得的方程 (1.46)具有形式

$$\dot{\omega} = -\mathrm{i}\beta\omega + \sum_{k=1}^{m} B_{k+1,k}\omega^{k+1}\overline{\omega}^k + O(|\omega|^{2m+2}) = R(\omega, \overline{\omega}).$$

也就是说, 存在这样一个变量变换

$$z = \omega + p(\omega, \overline{\omega}), \quad \overline{z} = \overline{\omega} + \overline{p}(\omega, \overline{\omega})$$

把(1.43)式变成

$$\dot{\omega} = R(\omega, \overline{\omega}), \quad \dot{\overline{\omega}} = \overline{R}(\omega, \overline{\omega}).$$

将 $\omega = u + iv, \overline{\omega} = u - iv$ 代入上式即得 (1.40)式, 其中

$$a_j = \operatorname{Re} B_{j+1,j}, \quad b_j = -\operatorname{Im} B_{j+1,j}.$$

令

$$\omega + p(\omega,\overline{\omega})|_{\omega=u+iv,\ \overline{\omega}=u-iv} = A(u,v) + iB(u,v), \quad A,\ B \in \mathbf{R}.$$

由 (1.42) 式与 (1.45)式可知, 从 (1.41) 式到 (1.40)式的变量变换是这样的

$$
\begin{pmatrix} x \\ y \end{pmatrix} = \begin{pmatrix} 1 & i \\ 1 & -i \end{pmatrix}^{-1} \begin{pmatrix} \omega + p(\omega,\overline{\omega}) \\ \overline{\omega} + \overline{p}(\omega,\overline{\omega}) \end{pmatrix}
$$

$$
= \begin{pmatrix} \dfrac{1}{2} & \dfrac{1}{2} \\ -\dfrac{i}{2} & \dfrac{i}{2} \end{pmatrix} \begin{pmatrix} A(u,v) + iB(u,v) \\ A(u,v) - iB(u,v) \end{pmatrix}
$$

$$
= \begin{pmatrix} A(u,v) \\ B(u,v) \end{pmatrix},
$$

其中 (x,y) 与 (u,v) 均为实变量. 证毕.

评注与分析 例 5.3 所展现的结果属于标准型理论 (normal form theory) 的一个特例, 上面的推导不是很详细, 有些细节需要读者补充推算. 所谓标准型, 就是通过变量变换求出方程的最简形式. 标准型理论很有用, 它是研究微分方程局部性质的重要工具, 它可以使问题研究得到简化, 甚至成为不可或缺的环节. 此外, 有些重要结果的前提条件与标准型有关. 回到例 5.3, 这里的标准型可以用来判定中心焦点问题, 例如, 如果存在 $k \geqslant 1$, 使得 (1.40)式中的系数 a_j 满足

$$a_k \neq 0, \quad a_j = 0, \quad j = 1, \cdots, k-1,$$

那么原点就是(1.39)式或(1.41)式的 k 阶细焦点, 且其稳定性由 a_k 的符号决定.

与例 5.3 有关的更有意思的结果是含小参数系统的标准型, 详之, 考虑(1.41)式的下述扰动系统:

$$\dot{x} = \beta y + F(x,y) + \bar{f}(x,y,\varepsilon), \quad \dot{y} = -\beta x + G(x,y) + \bar{g}(x,y,\varepsilon), \tag{1.50}$$

其中 $\bar{f}$, $\bar{g}$ 为 C^∞ 函数, $\varepsilon \in \mathbf{R}^n$, 且 $\bar{f}(x,y,0) = \bar{g}(x,y,0) = 0$. 则从例 5.3 的论证过程不难发现, 对任给整数 $m \geqslant 1$ 存在 u,v 的 $2m+1$ 的多项式变换 $(x,y)^T = \bar{Q}(u,v,\varepsilon)$, 关于 ε 为 C^∞ 的, 这个变换在原点附近把(1.50)式变为下述标准型:

$$\dot{u} = \beta v + \sum_{j=0}^m (a_j(\varepsilon)u + b_j(\varepsilon)v)(u^2+v^2)^j + O(|u,v|^{2m+2}),$$

$$\dot{v} = -\beta u + \sum_{j=0}^m (-b_j(\varepsilon)u + a_j(\varepsilon)v)(u^2+v^2)^j + O(|u,v|^{2m+2}).$$

显然, $\bar{Q}(u,v,0) = Q(u,v)$, 即当 $\varepsilon = 0$, 变换 $(x,y)^T = \bar{Q}(u,v,\varepsilon)$ 就是以前的变换 $(x,y)^T = Q(u,v)$. 上述标准型可以用来研究极限环的分支. 这里的关键是量 $a_j(\varepsilon)$ 的计算, 当 $j = 1,2,3$ 时, 还是可以给出这些量的计算公式的, 但当 j 再大时, 其计算公式就极其复杂了, 不能具体地写出来了, 只能利用计算机编程来计算了.

1.5.2　习题演练与讨论

习题演练 5.1　证明引理 5.2 与引理 5.3.

提示: (1) 不妨以 $x \geqslant x_0$ 为例证之, 引入函数 $h(x) = M + \int_{x_0}^{x} u(s)g(s)ds$, 则 $h'(x) \leqslant h(x)g(x)$. (2) 先证: $\int_0^x a(u)du$ 为 T 周期函数当且仅当 $\bar{a} = 0$.

习题演练 5.2　设 $f(x)$ 在 $[0,+\infty)$ 上连续, 且有有限极限 $\lim\limits_{x \to +\infty} f(x) = b$, 则当 $a > 0$ 时方程 $\dfrac{dy}{dx} + ay = f(x)$ 的一切解 $y = y(x)$ 均有

$$\lim_{x \to +\infty} y(x) = \frac{b}{a};$$

而当 $a < 0$ 时, 该方程有且仅有一个解当 $x \to +\infty$ 时趋于 $\dfrac{b}{a}$.

值得指出的是, 在一些常微分方程学习指导书中可以找到上述习题的证明, 但其中利用了推广的洛必达法则. 利用传统洛必达法则的思路可参考文献 [14] 中第 1 章总结与思考.

习题演练 5.3　研究周期线性方程

$$\frac{dy}{dx} = a(x)y + b(x)$$

与周期黎卡提方程

$$\frac{dy}{dx} = a(x)y^2 + b(x)y + c(x)$$

周期解的存在性与个数, 获得尽量全面和具体的结果, 其中 $a(x)$, $b(x)$ 与 $c(x)$ 为连续的 T 周期函数.

提示: 当 $c(x) \equiv 0$ 时, 黎卡提方程成为一特殊的伯努利方程, 从而可以化成线性方程.

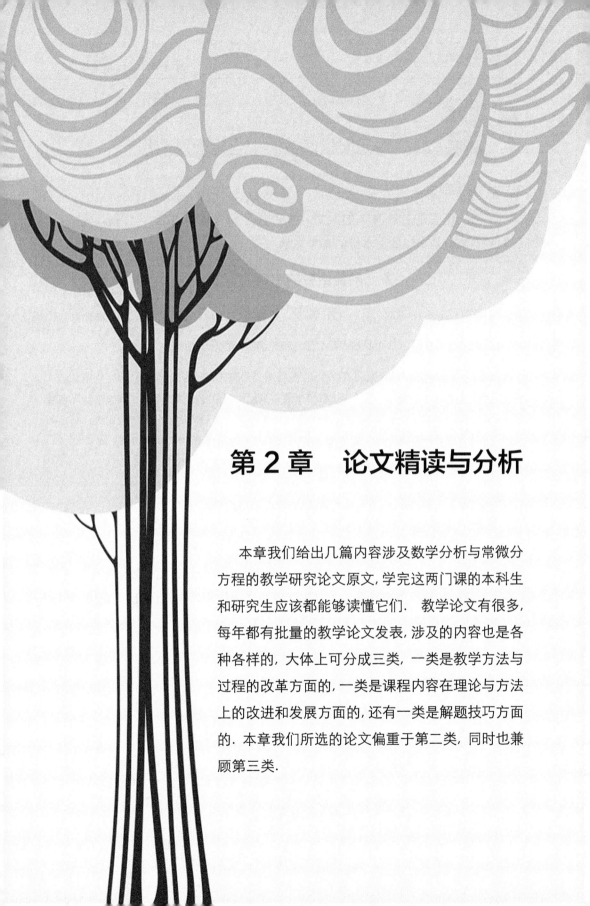

第 2 章　论文精读与分析

　　本章我们给出几篇内容涉及数学分析与常微分方程的教学研究论文原文, 学完这两门课的本科生和研究生应该都能够读懂它们. 教学论文有很多, 每年都有批量的教学论文发表, 涉及的内容也是各种各样的, 大体上可分成三类, 一类是教学方法与过程的改革方面的, 一类是课程内容在理论与方法上的改进和发展方面的, 还有一类是解题技巧方面的. 本章我们所选的论文偏重于第二类, 同时也兼顾第三类.

2.1　多元向量函数的中值定理及应用

2.1.1　论文原文

下面的论文是文献 [15] 的原文. 这里注意, 下面原文中出现的参考文献是指该原文本身的参考文献.

多元向量函数的中值定理及应用

黄永忠, 刘继成

(华中科技大学数学与统计学院, 武汉 430074)

摘要　中值定理是可微函数的重要性质, 是证明某些等式和不等式的重要工具, 而等式形式的向量函数的微分中值定理一般是不成立的, 通常只能得到微分中值不等式. 本文从一元函数的 Newton-Leibniz 公式出发, 证明了一个多元向量函数等式形式的积分型中值定理. 该定理揭示了多元向量函数等式形式的微分中值定理不成立的原因, 也蕴含了微分中值不等式.

关键词　多元向量函数; 积分型中值定理; 微分中值不等式

1. 问题的提出

通用的数学分析教材在涉及多元向量函数时, 只给出了微分中值不等式, 例如文献 [1] 下册 P.333 定理 23.14 和文献 [2] 下册 P.104 定理 16.2.3. 特别地, 文献 [2] 下册 P.105 说明了对于取值维数 $n \geqslant 2$ 的向量函数只能得到微分中值不等式, 而不能如数量函数那样得到等式形式的微分中值定理, 并且给出下面的反例.

例 1　考虑定义在 $\mathbf{R}^2$ 上的二维向量函数

$$\Phi(x,y) = (e^x \cos y, e^x \sin y)^T, \quad \forall (x,y)^T \in \mathbf{R}^2,$$

其中 T 表示转置. 显然, Φ 在整个 $\mathbf{R}^2$ 上可微, 且

$$D\Phi(x,y) = \begin{pmatrix} \dfrac{\partial(e^x \cos y)}{\partial x} & \dfrac{\partial(e^x \cos y)}{\partial y} \\ \dfrac{\partial(e^x \sin y)}{\partial x} & \dfrac{\partial(e^x \sin y)}{\partial y} \end{pmatrix}$$

$$= \begin{pmatrix} e^x \cos y & -e^x \sin y \\ e^x \sin y & e^x \cos y \end{pmatrix}, \quad \forall (x,y)^T \in \mathbf{R}^2.$$

记两点 $P = (0,0)^T$ 和 $Q = (0, 2\pi)^T$, 易见

$$\Phi(Q) - \Phi(P) = (0,0)^T,$$

亦即 $\Phi(Q) - \Phi(P)$ 为零向量. 另一方面, 对 $\forall (x,y)^T \in \mathbf{R}^2$, $\det(D\Phi(x,y)) = e^{2x} \neq 0$, 所以 Jacobi 矩阵 $D\Phi(x,y)$ 可逆, 而且向量 $\overrightarrow{PQ}$ 是非零向量, 因此在 $\mathbf{R}^2$ 中不存在点 M 使

$$\Phi(Q) - \Phi(P) = D\Phi(M)(Q - P).$$

关于多元向量函数的中值定理除教材 [1] 中形式 (即本文后面的定理 6 和推论 7) 外, 文献 [3] 得到相应的 Rolle 中值定理, 文献 [4, 5] 研究了一元向量函数的中值定理. 文献 [4], 对区间 $[a,b]$ 上的可微函数 $r: [a,b] \to \mathbf{R}^n$, 得到一定条件下存在 $\xi \in (a,b)$ 使得 $r'(\xi) // (r(b) - r(a))$ 的结论, 此时 $n = 2$. 文献 [5] 得到: 存在 $\xi \in (a,b)$ 使得

$$r'(\xi) = \lambda[r(b) - r(a)](n = 2\text{时}), \text{其中} \lambda = |r'(\xi)|/|r(b) - r(a)|;$$

$$\lambda_1 r(a) + \lambda_2 r(b) + \lambda_3 r'(\xi) = 0(n = 3\text{时}), \text{其中} \lambda_1, \lambda_2, \lambda_3 \text{为不全为零的常数}.$$

对 $n > 3$, 得到 $n = 3$ 时的类似形式 (高阶导数型). 本论文研究思路与现有文献都不相同.

本文将从一元函数的 Newton-Leibniz 公式出发, 证明一个多元向量函数等式形式的积分型中值定理. 我们也将用此定理解释多元向量函数等式形式的微分中值定理不成立的原因, 作为推论得到了微分中值不等式.

2. 一元函数的 Newton-Leibniz 公式和中值定理

首先叙述下面一元函数的 Lagrange 微分中值定理 (参见文献 [1] 上册 P.123 定理 6.2).

定理 1 设函数 $F(t)$ 在闭区间 $[a,x]$ 上连续, 在 (a,x) 可导, 则存在一点 $\xi \in (a,x)$, 使

$$F(x) - F(a) = F'(\xi)(x - a).$$

等价地, 存在一点 $\tilde{\theta} \in (0,1)$, 使

$$F(x) - F(a) = F'(a + \tilde{\theta}(x - a))(x - a).$$

在定理 1 中, 若进一步要求导函数局部可积, 则有下面形式的 Newton-Leibniz 公式, 其证明用了 Lagrange 微分中值定理, 参见文献 [1] 上册 P.206 定理 9.1 和 P.207 注 2.

定理 2   设函数 $F(t)$ 在闭区间 $[a, x]$ 上连续, 在 (a, x) 可导. 若导函数 $F'(t)$ 在 (a, x) 的所有闭子集上可积, 则对每个 $c \in (a, x)$, 极限

$$\lim_{u \to a^+} \int_u^c F'(t)dt \quad \text{和} \quad \lim_{u \to x^-} \int_c^u F'(t)dt$$

存在. 记

$$\int_a^x F'(t)dt = \lim_{u \to a^+} \int_u^c F'(t)dt + \lim_{u \to x^-} \int_c^u F'(t)dt,$$

则有等式

$$F(x) - F(a) = \int_a^x F'(t)dt.$$

证明   由假设, 对每个 $c \in (a, x)$ 和所有的 $u \in (a, c]$, $F'(t)$ 在 $[u, c]$ 可积. 由文献 [1] 上册 P.206 定理 9.1 和 P.207 注 2, 有

$$F(c) - F(u) = \int_u^c F'(t)dt.$$

注意到 $F(t)$ 在 a 右连续, 因此

$$\lim_{u \to a^+} \int_u^c F'(t)dt = F(c) - \lim_{u \to a^+} F(u) = F(c) - F(a).$$

同理,

$$\lim_{u \to x^-} \int_c^u F'(t)dt = \lim_{u \to x^-} F(u) - F(c) = F(x) - F(c).$$

对上面两个等式相加立得定理的结论.

令 $t = a + \theta(x - a)$, 则 $dt = (x - a)d\theta$. 因此, 在定理 2 的条件下有

$$F(x) - F(a) = \int_a^x F'(t)dt = \left[\int_0^1 F'(a + \theta(x - a))d\theta \right] (x - a). \qquad (1)$$

公式 (1) 可看成积分型的中值定理, 但不同于文献 [6-11] 的积分中值定理. 我们可以用 Darboux 定理 (参见文献 [1] 上册 P.127 定理 6.5) 证明下面条件稍弱的积分第一中值定理, 参见文献 [1] 上册 P.220 定理 9.7 或者文献 [9]P.290 性质 6. 与文献 [1] 上册 P.220 定理 9.7 相比, 我们并不要求 $F'(t)$ 在闭区间 $[a, x]$ 上连续.

定理 3 设函数 $F(t)$ 在 (a,x) 可导, 导函数 $F'(t)$ 在 (a,x) 的所有闭子集上可积, 且存在 $c \in (a,x)$, 使极限 $\lim\limits_{u \to a^+} \int_u^c F'(t)dt$ 和 $\lim\limits_{u \to x^-} \int_c^u F'(t)dt$ 存在. 记

$$\int_a^x F'(t)dt = \lim_{u \to a^+} \int_u^c F'(t)dt + \lim_{u \to x^-} \int_c^u F'(t)dt,$$

则存在一点 $\xi \in (a,x)$, 使

$$\int_a^x F'(t)dt = F'(\xi)(x-a).$$

证明 由推广的确界原理 (参见文献 [1] 上册 P.9), 记 $m = \inf\limits_{t \in (a,x)} F'(t)$ 及 $M = \sup\limits_{t \in (a,x)} F'(t)$, 则对所有的 $\varepsilon > 0$, 有

$$m \leqslant \frac{\displaystyle\int_{a+\varepsilon}^{x-\varepsilon} F'(t)dt}{x-a-2\varepsilon} \leqslant M.$$

因此

$$m \leqslant \frac{\displaystyle\int_a^x F'(t)dt}{x-a} = \lim_{\varepsilon \to 0^+} \frac{\displaystyle\int_{a+\varepsilon}^{x-\varepsilon} F'(t)dt}{x-a-2\varepsilon} \leqslant M.$$

由 Darboux 定理 (参见文献 [1] 上册 P.127 定理 6.5) 知, 存在一点 $\xi \in (a,x)$ 使

$$F'(\xi) = \frac{\displaystyle\int_a^x F'(t)dt}{x-a}.$$

注 1 设函数 $F(t)$ 在闭区间 $[a,x]$ 上连续, 在 (a,x) 可导. 再假设 a 为 $F'(t)$ 的瑕点, 即 $F'(t)$ 在 a 的任一右邻域上无界, 但对任意的 $\varepsilon > 0$, $F'(t)$ 在 $[a-\varepsilon, x]$ 有界、可积. 定理 2 表明瑕积分

$$\int_a^x F'(t)dt = \lim_{\varepsilon \to 0} \int_{a-\varepsilon}^x F'(t)dt$$

收敛, 且 Newton-Leibniz 公式

$$F(x) - F(a) = \int_a^x F'(t)dt$$

成立.

例 2　设

$$F(t) = \begin{cases} t^2 \sin t^{-2}, & t \in (0,1], \\ 0, & t = 0. \end{cases}$$

则

$$F'(t) = \begin{cases} 2t \sin t^{-2} - \dfrac{2}{t} \cos t^{-2}, & t \in (0,1], \\ 0, & t = 0. \end{cases}$$

由注 1, 有

$$\int_0^1 F'(t)dt = F(1) - F(0) = \sin 1.$$

注 2　条件 "设函数 $F(t)$ 在闭区间 $[a,x]$ 上连续, 在 (a,x) 可导" 并不蕴含导函数 $F'(t)$ 在 (a,x) 的所有闭子集上可积. 因为 Riemann 可积要求函数是 Lebesgue 测度下几乎处处连续的 (参见文献 [10] P.57 Theorem 1.7.1 和 P.59 Problems 3, 或者文献 [9] P.311 的定理), 但存在满足上述条件却在正 Lebesgue 测度集上间断的例子 (参见文献 [11] P.115 例 35), 因此不是 Riemann 可积的.

注 3　积分型中值定理增加了导函数 $F'(t)$ 可积性的要求, 因此积分型中值定理的条件比微分中值定理条件更强. 但是, 如果将定理中的 Riemann 积分换为 Lebesgue 积分, 则积分型中值定理中对函数 $F(t)$ 的要求可以减弱为 $F(t)$ 绝对连续函数, 其不要求 $F(t)$ 在 (a,x) 上每点都有导数, 参见文献 [11] P.178 定理 6.9.

3. 多元函数的中值定理

对于多元函数情形, 我们可以通过构造一个一元实值函数, 利用一元函数的中值定理来得到多元函数的中值定理, 具体如下.

第13讲　多元
向量函数的中
值定理及应用
精读(2)

定理 4　设 S 是 R^m 中的凸区域, F 是定义在 S 上的可微 m 元函数. 则对任意两点 $x, y \in S$, 存在 $\tilde{\theta} \in (0,1)$, 使

$$F(x) - F(y) = DF(y + \tilde{\theta}(x - y))(x - y).$$

若进一步, $DF(y + \tau(x - y))(x - y)$ 在 $(0,1)$ 的所有闭子集上可积, 则

$$F(x) - F(y) = \int_0^1 DF(y + \theta(x - y))d\theta(x - y),$$

其中 $DF = \left(\dfrac{\partial F}{\partial x_1}, \dfrac{\partial F}{\partial x_2}, \cdots, \dfrac{\partial F}{\partial x_m} \right)$.

证明 考察辅助函数

$$\varphi(\tau) = F(y + \tau(x - y)),$$

则 $\varphi(\tau)$ 在 $[0,1]$ 上连续, 在 $(0,1)$ 可微, 且

$$\varphi'(\tau) = DF(y + \tau(x - y))(x - y).$$

由定理 1 知, 存在 $\tilde{\theta} \in (0,1)$, 使 $\varphi(1) - \varphi(0) = \varphi'(\tilde{\theta})$, 此即

$$F(x) - F(y) = DF(y + \tilde{\theta}(x - y))(x - y).$$

若 $DF(y + \tau(x - y))(x - y)$ 在 $(0,1)$ 的所有闭子集上可积, 由定理 2 有

$$F(x) - F(y) = \varphi(1) - \varphi(0) = \int_0^1 \varphi'(\tau)d\tau = \int_0^1 DF(y + \tau(x - y))(x - y)d\tau$$

$$= \int_0^1 DF(y + \tau(x - y))d\tau(x - y)$$

也成立.

例 3 设 $F(x,y) = xe^y$, 则 $DF(x,y) = (e^y, xe^y)$, 且

$$F(x_2, y_2) - F(x_1, y_1) = x_2 e^{y_2} - x_1 e^{y_1}.$$

另一方面,

$$\int_0^1 DF((x_1, y_1) + \theta(x_2 - x_1, y_2 - y_1))d\theta$$

$$= \int_0^1 DF(x_1 + \theta(x_2 - x_1), y_1 + \theta(y_2 - y_1))d\theta$$

$$= \left(\int_0^1 e^{y_1 + \theta(y_2 - y_1)}d\theta, \int_0^1 [x_1 + \theta(x_2 - x_1)]e^{y_1 + \theta(y_2 - y_1)}d\theta \right)$$

$$= \left(\frac{e^{y_2} - e^{y_1}}{y_2 - y_1}, \frac{x_1(e^{y_2} - e^{y_1})}{y_2 - y_1} + \frac{x_2 - x_1}{(y_2 - y_1)^2}[(y_2 - y_1)e^{y_2} - e^{y_2} + e^{y_1}] \right),$$

于是

$$\int_0^1 DF((x_1, y_1) + \theta(x_2 - x_1, y_2 - y_1))d\theta \begin{pmatrix} x_2 - x_1 \\ y_2 - y_1 \end{pmatrix}$$

$$= \left(\frac{e^{y_2} - e^{y_1}}{y_2 - y_1}, \frac{x_1(e^{y_2} - e^{y_1})}{y_2 - y_1} + \frac{x_2 - x_1}{(y_2 - y_1)^2}[(y_2 - y_1)e^{y_2} - e^{y_2} + e^{y_1}] \right) \begin{pmatrix} x_2 - x_1 \\ y_2 - y_1 \end{pmatrix}$$

$$= \frac{x_2 - x_1}{y_2 - y_1}(e^{y_2} - e^{y_1}) + x_1(e^{y_2} - e^{y_1}) + \frac{x_2 - x_1}{y_2 - y_1}[(y_2 - y_1)e^{y_2} - e^{y_2} + e^{y_1}]$$

$$= x_1(e^{y_2} - e^{y_1}) + (x_2 - x_1)e^{y_2}$$

$$= x_2 e^{y_2} - x_1 e^{y_1}.$$

故

$$F(x_2, y_2) - F(x_1, y_1) = \int_0^1 DF((x_1, y_1) + \theta(x_2 - x_1, y_2 - y_1))d\theta.$$

4. 多元向量函数的积分型中值定理

对于多元向量函数情形, 我们自然可以对每个分量得到相应的中值定理. 但是, 对于所有分量却只能得到积分型中值定理, 一般不能得到等式的微分中值定理, 具体结论如下.

定理 5　设 S 是 $\mathbf{R}^m$ 中的凸区域, $\varPhi$ 是定义在 S 上的可微 m 元 n 维向量函数. 对任意两点 $x, y \in S$, 若 $D\varPhi(y + \theta(x - y))$ 关于 θ 在 $(0,1)$ 的所有闭子集上可积, 则

$$\varPhi(x) - \varPhi(y) = \int_0^1 D\varPhi(y + \theta(x - y))d\theta(x - y), \tag{2}$$

其中 $\varPhi = (\phi_1, \phi_2, \cdots, \phi_n)^T$, 且

$$D\varPhi = \begin{pmatrix} \dfrac{\partial \phi_1}{\partial x_1} & \dfrac{\partial \phi_1}{\partial x_2} & \cdots & \dfrac{\partial \phi_1}{\partial x_m} \\ \dfrac{\partial \phi_2}{\partial x_1} & \dfrac{\partial \phi_2}{\partial x_2} & \cdots & \dfrac{\partial \phi_2}{\partial x_m} \\ \vdots & \vdots & & \vdots \\ \dfrac{\partial \phi_n}{\partial x_1} & \dfrac{\partial \phi_n}{\partial x_2} & \cdots & \dfrac{\partial \phi_n}{\partial x_m} \end{pmatrix}.$$

证明　对于 $\varPhi$ 的第 i 个分量 ϕ_i, $1 \leqslant i \leqslant n$, 应用定理 4 的结论得

$$\phi_i(x) - \phi_i(y) = \int_0^1 D\phi_i(y + \theta(x - y))d\theta(x - y),$$

其中 $D\phi_i = \left(\dfrac{\partial \phi_i}{\partial x_1}, \dfrac{\partial \phi_i}{\partial x_2}, \cdots, \dfrac{\partial \phi_i}{\partial x_n} \right)$. 写成向量形式即有公式 (2).

例 1′　再看例 1, 注意到

$$\int_0^1 D\varPhi(P + \theta(Q - P))d\theta = \int_0^1 \begin{pmatrix} \cos 2\pi t & -\sin 2\pi t \\ \sin 2\pi t & \cos 2\pi t \end{pmatrix} dt = \begin{pmatrix} 0 & 0 \\ 0 & 0 \end{pmatrix},$$

因此下面积分型中值定理成立

$$\Phi(P) - \Phi(Q) = \int_0^1 D\Phi(P + \theta(Q - P))d\theta(P - Q).$$

注 4 对于分量 $\phi_i, 1 \leqslant i \leqslant n$, 用定理 4 的微分中值定理, 则存在 $\tilde{\theta}_i \in (0,1)$, 使

$$\phi_i(x) - \phi_i(y) = D\phi_i(y + \tilde{\theta}_i(x - y))(x - y).$$

由于对不同的分量 $\phi_i, \tilde{\theta}_i \in (0,1)$ 一般是不同的, 因此通常找不到公共的 $\tilde{\theta} \in (0,1)$, 使下式成立

$$\Phi(x) - \Phi(y) = D\Phi(y + \tilde{\theta}_i(x - y))(x - y).$$

但是, 我们仍有等式微分中值定理的以下变种, 参见文献 [1] 下册 P.345 总练习题 4, 或者文献 [10] P.56 Lemma 2.5.1.

定理 6 设 S 是 $\mathbf{R}^m$ 中的凸区域, Φ 是定义在 S 上的可微 m 元 n 维向量函数, 则对任意两点 $x, y \in S$, 以及 n 维常向量 α, 存在 $\tilde{\theta} \in (0,1)$ 使得

$$\alpha^T(\Phi(x) - \Phi(y)) = \alpha^T D\Phi(y + \tilde{\theta}_i(x - y))(x - y).$$

证明 考察辅助函数

$$h(\tau) = \alpha^T \Phi(y + \tau(x - y)),$$

则 $h(\tau)$ 在 $[0,1]$ 上连续, 在 $(0,1)$ 可微, 且

$$h'(\tau) = \alpha^T D\Phi(y + \tau(x - y))(x - y).$$

由定理 1 知, 存在 $\tilde{\theta} \in (0,1)$, 使

$$\alpha^T(\Phi(x) - \Phi(y)) = h(1) - h(0) = h'(\tilde{\theta}) = \alpha^T D\Phi(y + \tilde{\theta}(x - y))(x - y)$$

成立.

在定理 6 中取 $\alpha = \Phi(x) - \Phi(y)$, 由 Cauchy 不等式以及矩阵范数与向量范数的相容性立得下面的微分中值不等式, 参见文献 [1] 下册 P.333 定理 23.14, 或者文献 [2] 下册 P.104 定理 16.2.3, 以及文献 [10] P.57 Theorem 2.5.3.

推论 7 设 S 是 R^m 中的凸区域, Φ 是定义在 S 上并且可微的 m 元 n 维向量函数, 则对任意两点 $x, y \in S$, 存在 $\tilde{\theta} \in (0,1)$ 有

$$|\Phi(x) - \Phi(y)| \leqslant \|D\Phi(y + \tilde{\theta}(x - y))\| \, |x - y|.$$

注 5　　若在推论 7 中增加要求 $D\Phi(y + \tau(x - y))$ 关于 τ 在 $(0,1)$ 的所有闭子集上可积, 则由定理 5 及矩阵范数与向量范数的相容性可得推论 7 的结论.

参 考 文 献

[1] 华东师范大学数学系. 数学分析 (上、下册) [M]. 4 版. 北京：高等教育出版社, 2010.

[2] 崔尚斌. 数学分析教程 (上、中、下册) [M]. 北京：科学出版社, 2013.

[3] 黄土森. 高维空间中的微分中值定理 [J]. 宁波大学学报, 2003, 16(3): 320-322.

[4] 张来亮, 鞠圣会. 矢性函数的拉格朗日微分中值研究 [J]. 高等数学研究, 2015, 18(2): 18-20.

[5] 王卫东. 关于一元向量函数的微分中值定理 [J]. 工科数学, 1996, 12(4): 172-175.

[6] 高国成, 郑艳琳, 张来亮. 关于积分中值定理的一个注记 [J]. 大学数学, 2003, 19(2)：94-95.

[7] 潘杰, 黄有度. 积分中值定理的推广及其应用 [J]. 大学数学, 2007, 23(4)：144-147.

[8] 陈玉. 积分型中值定理的推广及统一表示 [J]. 大学数学, 2015, 31(2)：61-65.

[9] 卓里奇. 数学分析 [M]. 4 版. 蒋铎, 王昆杨, 周美珂, 邝荣雨译. 北京：高等教育出版社, 2006.

[10] Duistermaat J, Kolk J. Multidimensional real analysis I: Differentiation[M], 北京：世界图书出版公司北京公司, 英文版, 2009.

[11] 郑维行, 王声望. 实变函数与泛函分析概要 (第一册) [M]. 2 版. 北京：高等教育出版社, 1989.

2.1.2　阅读理解与分析

1. 问题与思考

(1) 摘要中有哪些词可以通用?

(2) "问题的提出" 这一节的内容由哪几部分组成?

(3) 一元函数的 Newton-Leibniz 公式 (定理 2) 与通常的 Newton-Leibniz 公式有何区别? 一元函数的中值定理 (定理 3) 与通常的积分中值定理有何区别? 定理 2 与定理 3 的条件等价吗? 试补充定理 3 的证明中最后一步的细节.

(4) 定理 4 证明中最后一步的等号是显然的吗? 如何详细论证?

(5) 多元向量函数的积分中值定理 (定理 5) 与多元向量函数的微分中值不等式 (推论 7) 的条件与结论各是什么? 其结论又是怎么证明的?

(6) 如果把例 1 中的函数 $\Phi(x,y) = (e^x \cos y, e^x \sin y)^T$ 看成平面到平面的映射, 那么该例的结论说明什么?

2. 评注与分析

在 1.2 节, 我们提出了写作的三条基本原则

(1) 结构合理、条理清楚;

(2) 推导无误、论证严密;

(3) 叙述严谨、语句通顺.

请先认真学习上述论文, 再对照上述基本原则审阅这一论文, 然后按照基本原则, 书面回答下列问题:

(1) 总结与分析：你认为本文的主要结果、主要方法和主要创新点各是什么？

(2) 评注与感悟：你对本文的写作 (内容的安排、细节的处理、语言的叙述等) 和主要结果的意义有什么认识和评判？通过对本文的研读与思考, 是否有发现值得进一步研究的问题？

3. 课堂讨论与课下作业

请同学 (或部分同学) 分享各自对 "问题与思考" 和 "评注与分析" 中所提问题的解答 (每个人用 PPT 等讲演 3~5 分钟), 在老师引导下展开讨论.

课下阅读下一篇论文, 思考有关问题, 为下次课做准备.

2.2 A new proof of the implicit function theorem

2.2.1 论文原文

下面的论文是文献 [16] 的原文.

第14讲 A new proof of the implicit function theorem精读

A new proof of the implicit function theorem

HAN M, SHENG L

(Dept. of Math., Shanghai Normal University, 200234 Shanghai, China)

Abstract The implicit function theorem plays an important role in the mathematical analysis and many other branches of mathematics. In the college course of Ordinary Differential Equations, we have learnt the theorems on the existence and uniqueness of solutions and dependence on initial values and parameters. In this paper, by using these theorems of differential equations, we give a new proof for the implicit function theorem.

Keywords Implicit function theorem; differential equation; existence and uniqueness of solutions; dependence on initial conditions and parameters.

1. Introduction

Consider the following n-dimensional differential equation with an initial condition

$$\frac{dx}{dt} = f(t,x), \quad x(\tau) = \xi, \tag{1}$$

where $f(t,x)$ is continuous on the region $\bar{R} \subset \mathbf{R}^{n+1}$ with

$$\bar{R}: \quad |t - \tau| \leqslant a, \quad |x - \xi| \leqslant b.$$

A classical theorem on the existence of solutions of Eq.(1) is as follows(see [1, 2, 3]).

Theorem 1 (Peano theorem) *Under the above assumptions, Eq.(1) has a solution*

$$x = \varphi(t), \quad |t - \tau| \leqslant h,$$

where $h = \min\{a, b/M\}$ and $M = \max\{|f(t,x)|, (t,x) \in \bar{R}\}$.

More generally, consider the following n-dimensional differential equation with a vector parameter λ

$$\frac{dx}{dt} = f(t,x,\lambda), \quad x(\tau) = \xi, \tag{2}$$

where $x \in \mathbf{R}^n$, $\lambda \in \mathbf{R}^k$, $f \in C(G)$, $G \subset \mathbf{R}^{n+k+1}$ is a region and $(\tau, \xi, \lambda) \in G$. Obviously, the solution of Eq.(2) depends on t, τ, ξ, λ, and can be written as $x = \varphi(t, \tau, \xi, \lambda)$. For Eq.(2) we have the following theorem(see [2, 3, 4]).

Theorem 2 *Let $G \subset \mathbf{R}^{n+k+1}$ be a region. Let $f : G \to \mathbf{R}^n$ be a continuous function, and suppose that $f(t,x,\lambda)$ has continuous first order partial derivatives with respect to x and the parameter λ. Then for any $(\tau, \xi, \lambda) \in G$, Eq.(2) has a unique solution $\varphi(t, \tau, \xi, \lambda)$, defined for $\omega_-(\tau, \xi, \lambda) < t < \omega_+(\tau, \xi, \lambda)$. The function φ is continuously differentiable in*

$$\Omega = \left\{ (t, \tau, \xi, \lambda) \,\middle|\, \omega_-(\tau, \xi, \lambda) < t < \omega_+(\tau, \xi, \lambda), (\tau, \xi, \lambda) \in G \right\}.$$

Furthermore, if $f \in C^r(G)$ for some $r \geqslant 1(resp., C^\infty(G), C^\omega(G))$, then the solution $\varphi \in C^r(\Omega)(resp., C^\infty(\Omega), C^\omega(\Omega))$.

In the above theorem, C^ω denotes the set of analytic functions. One can prove Theorem 2 by using the following lemma, which is the Newton-Leibniz formula generalized to vector functions(see [3]).

Lemma 1   *Let $D = \{(t, x)|\ x \in K_t, t \in (a, b)\} \subset \mathbf{R}^{n+1}$ be a region. For each $t \in (a, b)$, we suppose that $K_t \subset \mathbf{R}^n$ is a convex set. Let $f : D \to \mathbf{R}^n$ be a continuous function with continuous first order derivative with respect to x. Then there exists an $n \times n$ matrix function J defined on $\{(t, x, y)|\ (x, y) \in K_t \times K_t, t \in (a, b)\}$, satisfying the following conditions:*

(i) $f(t, x) - f(t, y) = J(t, x, y)(x - y)$;

(ii) $J(t, x, x) = \dfrac{\partial f(t, x)}{\partial x}$.

Furthermore, if f is a C^k function for some $k \geqslant 1$, then J is C^{k-1} at least.

Next, we give the general implicit function theorem which can be found in many books. For example, one can find its proof in [5, 6].

Theorem 3 (The Implicit Function Theorem)   *Consider a function $F : G \to \mathbf{R}^n$, where $G \in \mathbf{R}^{m+n}$ is a region. Let $F \in C^r$ for some $r \geqslant 1$ (resp., $F \in C^\infty, F \in C^\omega$). If there exists a point $(x_0, y_0) \in G$ such that*

$$F(x_0, y_0) = 0, \quad \det F_y(x_0, y_0) \neq 0,$$

then the function $F(x, y) = 0$ has a unique solution $y = f(x) = y_0 + O(|x - x_0|)$, in y near (x_0, y_0), and it is C^r (resp., C^∞, C^ω) near x_0.

It seems that the above theorem has nothing to do with the theory of differential equation, whose proofs are also independent. In the following part of this paper, we give a proof of Theorem 3 by using Theorems 1, 2 and Lemma 1.

2. A new proof of the implicit function theorem

If an equation $F(x, y) = 0$ has a solution $y = f(x)$, obviously, $F(x, f(x)) = 0$. By taking derivatives with respect to x, it is easy to conclude that

$$\frac{\partial f}{\partial x} = -(F_y)^{-1}(x, f(x))F_x(x, f(x)), \quad f(x_0) = y_0.$$

If $m = 1$, that is $x \in \mathbf{R}$, then the above equations show that $f(x)$ is a solution of

$$\frac{dy}{dx} = -(F_y)^{-1}(x,y)F_x(x,y), \quad y(x_0) = y_0. \tag{3}$$

Next, we prove Theorem 3 by induction on m. First, consider the differential equation Eq.(3) for $m = 1$. Under the assumption of Theorem 3, we know that the right hand side of Eq.(3) is continuous on the region $|x-x_0| \leqslant a$, $|y-y_0| \leqslant b$. Then by Theorem 1(Peano theorem), we can derive that there is a positive constant c such that for $|x - x_0| \leqslant c$, Eq.(3) has a solution $y = f(x)$, which is continuously differentiable with respect to x and $f(x_0) = y_0$. It also refers that for $|x - x_0| \leqslant c$, the derivative of $F(x, f(x))$ is zero and $F(x_0, f(x_0)) = 0$. This implies that $F(x, f(x)) = 0$. Thus, $y = f(x)$ is a solution of $F(x, y) = 0$.

We next prove its uniqueness. Suppose that there is a continuous function $y = g(x)$ on $|x - x_0| \leqslant c$ satisfying that $g(x_0) = y_0$ and $F(x, g(x)) = 0$. From Lemma 1, one can find a matrix function $J(x)$ continuous on $|x - x_0| \leqslant c$ such that

$$0 = F(x, f(x)) - F(x, g(x)) = J(x)[f(x) - g(x)], \quad J(x_0) = F_y(x_0, y_0).$$

Let us suppose that c is small enough so that $J(x)$ is invertible for $|x - x_0| \leqslant c$. Then from the above equations, we have $f(x) - g(x) = 0$, which proves the uniqueness of $f(x)$. Furthermore, if $F \in C^r$ for some $r \geqslant 1$(resp., $F \in C^\infty$, $F \in C^\omega$), then the right hand side of Eq.(3) is C^{r-1}(resp., C^∞, C^ω). Then, from Theorem 2, we know $f(x)$ is also C^{r-1}(resp., C^∞, C^ω). Inserting $y = f(x)$ into Eq.(3), one can obtain that $f'(x)$ is C^{r-1}(resp., C^∞, C^ω). That is, $f(x)$ is C^r(resp., C^∞, C^ω). Hence, when $m = 1$, Theorem 3 is true.

Now we suppose that the theorem is true for $m = k$ and we want to prove the conclusion for the case of $m = k + 1$. Let $x = (x_1, \cdots, x_{k+1})$, $x_0 = (x_{10}, \cdots, x_{k+1,0})$. Introducing a new variable $X_1 = (x_2, \cdots, x_{k+1})$, and letting $F_1(X_1, y) = F(x, y)|_{x_1 = x_{10}}$, we have $x = (x_1, X_1)$, $X_1 \in \mathbf{R}^k$. By induction, we conclude that there exists a unique C^r(resp., C^∞, C^w) solution $y = g_1(X_1) = y_0 + O(|X_1 - X_{10}|)$ for the equation $F_1(X_1, y) = 0$. The solution is defined for $|X_1 - X_{10}| \leqslant c_1$, where $X_{10} = (x_{20}, \cdots, x_{k+1,0})$. Consider the differential equation with an initial value

$$\frac{dy}{dx_1} = -(F_y)^{-1}(x_1, X_1, y)F_{x_1}(x_1, X_1, y), \quad y(x_{10}) = g_1(X_1),$$

taking X_1 as a vector parameter. From Theorem 2 and the above discussion about the uniqueness of solution(for the case of $r = 1$), we can obtain that the above differential equation has a unique solution $y = \varphi(x_1, g_1(X_1))$ defined for $|x_1 - x_{10}| \leqslant c_1$ and $|X_1 - X_{10}| \leqslant c_1$. Furthermore, by Theorem 2 and the properties of composite function, we can derive that φ and $\dfrac{\partial \varphi}{\partial x_1}$ are at least C^{r-1}(resp., C^{∞}, C^{ω}) with respect to their variables (x_1, X_1). Denote that $\varphi(x_1, g_1(X_1)) = f_1(x)$. From the discussion in the case $m = 1$, we know that f_1 is the unique solution of

$$F(x, f_1(x)) = 0, \quad f_1(x_0) = y_0.$$

The solution $f_1(x)$ is defined on $\|x - x_0\| \leqslant c_1$ and $\dfrac{\partial f_1}{\partial x_1}$ is at least C^{r-1}(resp., C^{∞}, C^{ω}).

In general, introducing $X_j = (x_1, \cdots, x_{j-1}, x_{j+1}, \cdots, x_{k+1})$ and

$$F_j(X_j, y) = F(x, y)|_{x_j = x_{j0}},$$

where $1 \leqslant j \leqslant k + 1$, we have $X_j \in \mathbf{R}^k$. Similarly as above, by the method of induction, one can prove that there exists a unique function $f_j(x)$ satisfying $F(x, f_j(x)) = 0$, where $f_j(x)$ is defined for $|x - x_0| \leqslant c_j$ and $\dfrac{\partial f_j}{\partial x_j}$ is at least C^{r-1}(resp., C^{∞}, C^{ω}).

Let $c = \min\{c_j\}$. By the uniqueness of $f_j(x)$, we know that $f_1(x) = \cdots = f_{k+1}(x)$ so we denote it by $f(x)$, where $|x - x_0| \leqslant c$. Its first order partial derivatives with respect to $x_1, \cdots, x_{k+1}$ are at least C^{r-1}(resp., C^{∞}, C^{ω}). This implies that f is C^r(resp., C^{∞}, C^{ω}). We have proved the theorem for the case $m = k + 1$ and this ends the proof of Theorem 3.

References

[1]   DING T, LI C. Ordinary differential equations, the second edition[M]. Beijing: Peking University Press, 2004.

[2]　YOU B. Advanced course of ordinary differential equations[M]. Beijing: People's Education Press, 1982.

[3]　ZHAO A, LI M, HAN M. The basic theory of differential equations, reprint edition[M]. Beijing: Science Press, 2013.

[4]　ZHANG Z, DING T, et al. The qualitative theory of differential equations[M]. Beijing: Science Press, 1985.

[5]　FIKHTENGOLZ G. The calculus course, Vol. 2 of the second edition[M]. Beijing: People's Education Press, 1954.

[6]　FIKHTENGOLZ G. The calculus course, Vol. 1 of the second edition, Revised Edition[M]. Beijing: People's Education Press, 1959.

2.2.2　阅读理解与分析

1. 论文出现的专业词汇

the implicit function theorem　隐函数定理

lemma　引理

composite function　复合函数

college course　大学课程

ordinary differential equations　常微分方程

existence and uniqueness of solutions　解的存在性与唯一性

dependence on initial values and parameters　关于初值与参数的依赖性

region　区域

first order partial derivative with respect to x　对 x 的一阶偏导数

analytic function　解析函数

Newton-Leibniz formula　牛顿–莱布尼茨公式

matrix function　矩阵函数

invertible　可逆的

assumption　假设

new variable　新变量

by the method of induction (by induction)　用归纳法

inserting A into B, substituting A into B　将 A 代入 B

2. 问题与思考

(1) 摘要中一共有几句话, 每一句话说明什么问题?

(2) 摘要中所提及的解的存在性与唯一性以及解对初值与参数的依赖性定理你都熟悉吗? 引言中给出的定理 1 和定理 2 属于哪一类定理?

(3) 定理 1(Peano 定理) 与经典的 Picard 存在唯一性定理有何区别?

(4) 仔细审阅定理 2 的条件与结论, 其中开区间 $(\omega_-(\tau,\xi,\lambda),\ \omega_+(\tau,\xi,\lambda))$ 应该是解 $\varphi(t,\tau,\xi,\lambda)$ 的什么区间?

(5) 试给出引理 1 的证明细节.

(6) 仔细审阅定理 3(隐函数定理) 的条件与结论, 写几句话, 谈谈你对这个定理的认识.

(7) 关于该文给出的隐函数定理证明, 用的是归纳法 (对变量 x 的维数 m), 可分为两大部分 (第一部分考虑 $m=1$ 的情况, 第二部分在归纳假设下展开证明), 第一部分的证明用到定理 1 与引理 1, 为什么没有利用 Picard 存在唯一性定理? 什么情况下可以利用这个定理?

(8) 第二部分的证明可进一步分为三个步骤 (是哪三步?), 第一步很关键, 也是本文的难点. 在这一步中, 如何理解 "From Theorem 2 and the above discussion about the uniqueness of solution(for the case of $r=1$), we can obtain that the above differential equation has a unique solution $y=\varphi(x_1,g_1(X_1))$ defined for $|x_1-x_{10}|\leqslant c_1$ and $|X_1-X_{10}|\leqslant c_1$."? 如何理解 "Furthermore, by Theorem 2 and the properties of composite function, we can derive that φ and $\dfrac{\partial\varphi}{\partial x_1}$ are at least C^{r-1}(resp., C^∞, C^ω) with respect to their variables (x_1,X_1). Denote that $\varphi(x_1,g_1(X_1))=f_1(x)$. From the discussion in the case $m=1$, we know that f_1 is the unique solution of

$$F(x,f_1(x))=0,\quad f_1(x_0)=y_0.$$

The solution $f_1(x)$ is defined on $\|x-x_0\|\leqslant c_1$ and $\dfrac{\partial f_1}{\partial x_1}$ is at least C^{r-1}(resp., C^∞, C^ω)." ? 其中 f_1 的唯一性如何证明? 并进一步考虑：在第二部分的第一步里能不能得到 $\dfrac{\partial f_1}{\partial x_2}$ 等是 C^{r-1} 的?

3. 评注与分析

我们再重复一遍关于写作的三点基本原则

(1) 结构合理、条理清楚;

(2) 推导无误、论证严密;

(3) 叙述严谨、语句通顺.

现在, 请遵照这些基本原则, 书面回答下列问题:

(1) 总结与分析：你认为本文的证明方法有什么新意?

(2) 评注与感悟：你对本文的写作 (内容的安排、细节的处理、语言的叙述等) 和主要结果的意义有什么认识和评判? 通过对本文的研读与思考, 你认为作者写作本文有何意图?

(3) 请给出隐函数定理的一个应用例子 (自己设计好应用例子之后, 再看下一节的隐函数定理应用举例).

4. 课堂讨论与课下作业

请同学 (或部分同学) 分享各自对"问题与思考"和"评注与分析"中所提问题的解答 (每个人用 PPT 等讲演 3~5 分钟), 在老师引导下展开讨论.

课下思考隐函数定理的应用例子, 并解答下一小节例 2.1 与例 2.2.

2.2.3   隐函数定理应用举例

研读了本篇 (教学) 论文, 思考了上述问题, 可使我们对微分方程基本理论 (三类基本定理) 和隐函数定理本身及其应用有了进一步的认识与理解, 有助于提升我们运用这些定理解决有关问题的能力. 微分方程解的存在唯一性定理有多种证明, 例如 Picard 逼近法、压缩映射原理方法. 我们知道隐函数定理与不动点原理有密切关系, 利用压缩映射原理可以证明隐函数定理. 但以往未发现有人利用微分方程的定理来证明隐函数定理, 本文就完成了这样一个证明. 数学理论中有很多定理, 它们分属不同的学科方向, 例如隐函数定理与压缩映射原理属于泛函分析学科, 在实分析与函数论中也有阐述. 而微分方程解的存在唯一性定理当然属于微分方程学科, 研究微分方程解的性质时有时需要用到隐函数定理或压缩映射原理, 这不足为怪, 因为泛函分析或实分析都是数学的基础学科, 它们是研究微分方程的有力工具. 反过来, 应用微分方程的基本定理来证明隐函数定理倒是有点新奇.

从形式上看, 隐函数定理给出一个或多个函数方程所组成的方程组有解的条件, 并给出了解的性质 (光滑性). 而从扰动理论的角度来看, 隐函数定理用来研究的是一种现象在扰动之下的可持续性问题.

接下来, 我们在这一小节给出隐函数定理的三个简单应用, 使我们对隐函数定理的重要性有更多的认识. 我们只对第三个应用例子给出详细论证, 前两个请读者自己完成.

例 2.1　设二元实函数 $H(x, y)$ 在原点的小邻域 U 中有定义, 且满足

(i) H 在原点是解析函数, 即当 $x^2 + y^2$ 充分小时它可以展开成收敛的幂级数:

第15讲　隐函数定理应用举例

$$H(x, y) = \sum_{i+j \geqslant 0} h_{ij} x^i y^j.$$

(ii) $H(0,0) = 0$, 而对一切 $(x,y) \in U$, $(x,y) \neq 0$ 有 $H(x,y) > 0$, 即 H 是一个正定函数.

(iii) $\dfrac{\partial^2 H}{\partial y^2}(0,0) > 0$.

试证明当 $h > 0$ 适当小时, 方程 $H(x,y) = h$ 在 U 上定义了唯一的一条简单闭曲线 L_h, 且当 $h \to 0$ 时 $L_h \to O$.

提示　参考第 1 章例 4.2; 利用解析函数的性质; 考虑所施行变换之逆变换.

注　如果

$$H(x, y) = x^2 + y^2 + o(|x, y|^2),$$

则不必要求函数 H 是解析的, 只要 $H \in C^2(U)$, 就可用更简单的方法 (也需要应用隐函数定理) 直接证明当 $h > 0$ 适当小时, 方程 $H(x,y) = h$ 在 U 上定义了唯一的一条简单闭曲线 L_h, 且当 $h \to 0$ 时 $L_h \to O$. 试证之.

证明要点: 令 $K(\theta, r) = H(r\cos\theta, r\sin\theta)$, 则利用

$$H_x = 2x + o(|x, y|), \quad H_y = 2y + o(|x, y|)$$

知 K 在 $r = 0$ 附近是二次连续可微的, 且

$$K_r = H_x \cos\theta + H_y \sin\theta = 2r + o(r), \quad K_\theta = O(r^2).$$

另一方面, K 可写为 $K = r^2 \varphi(\theta, r)$, 其中 φ 对充分小的 $r > 0$ 为可微的, 且

$$K_r = 2r\varphi + r^2 \varphi_r, \quad K_\theta = r^2 \varphi_\theta,$$

又 φ 在 $r=0$ 为连续的, 且 $\varphi(\theta,0)=1$. 于是当 $r\to 0+$ 时

$$r\varphi_r = K_r/r - 2\varphi = 2 + o(1) - 2\varphi \to 0.$$

与

$$r\varphi_\theta = K_\theta/r = O(r) \to 0.$$

考虑 $\sqrt{K}$, 它等于 $r\sqrt{\varphi(\theta,r)} \equiv \psi(\theta,r)$. 往证 $\psi(\theta,r)$ 是连续可微函数. 首先易见它对充分小的 $r>0$ 为连续可微的, 且成立

$$\psi_r = \sqrt{\varphi} + \frac{r\varphi_r}{2\sqrt{\varphi}}, \quad \psi_\theta = \frac{r\varphi_\theta}{2\sqrt{\varphi}}, \quad r>0.$$

由导数定义知 $\psi_r(\theta,0)=1$, 注意到已证当 $r\to 0$ 时 $r\varphi_r \to 0$, $r\varphi_\theta \to 0$, 故由上式知 ψ_r 与 ψ_θ 在 $r=0$ 都是连续的, 因此函数 ψ 对一切充分小的 $|r|$ 都是 C^1 的 (这个结论很关键, 请思考其作用).

另外, 如果只假设 $H \in C^1(U)$, 上述结论就不对了, 即存在 $H \in C^1(U)$ 使对某些任意小的 $h>0$, 方程 $H(x,y)=h$ 在 U 上定义了两条或更多条简单闭曲线也可能是自交一次或多次非简单闭曲线. 例如函数 $H(x,y) = \varphi(x^2+y^2)$ 就是这种情况, 其中 $\varphi(r) = r + 2r^2 \sin\dfrac{1}{r}$.

例 2.2 考虑含向量参数的微分方程

$$\dot{x} = f(x,\varepsilon),$$

其中 $x \in \mathbf{R}^n$, $\varepsilon \in \mathbf{R}^m$. 设存在正整数 r, 使得 $f \in C^r$ 且

$$f(0,0) = 0, \quad \det \frac{\partial f}{\partial x}(0,0) \neq 0.$$

即当 $\varepsilon = 0$ 时原点是上述微分方程的初等奇点. 在上述条件下, 我们常说, 为了方便, 不妨设对一切小的 ε 成立 $f(0,\varepsilon) = 0$. 这是为什么?

上述两个例子的解答留给读者.

例 2.3 考虑含向量参数的 n 维 T 周期微分方程

$$\frac{dx}{dt} = f_0(x) + f(t,x,\varepsilon),$$

其中 $x \in \mathbf{R}^n$, $\varepsilon \in \mathbf{R}^m$, $f(t+T,x,\varepsilon) = f(t,x,\varepsilon)$, $f(t,x,0) = 0$. 设存在正数 δ, 使得当 $t \in \mathbf{R}$, $|x| < \delta$, $|\varepsilon| < \delta$ 时有 f_0, $f \in C^r(r \geqslant 1)$. 试证明：如果

$$f_0(0) = 0, \quad \det \frac{\partial f_0}{\partial x}(0) \neq 0,$$

则当 ε 充分小时上述微分方程在原点的小邻域内存在唯一的 T 周期解 $x = \varphi(t, \varepsilon)$，且 $\varphi \in C^r$，$\varphi(t, 0) = 0$.

证明 设 $A = \dfrac{\partial f_0}{\partial x}(0)$，$f_1(x) = f_0(x) - Ax$，则有 $\det A \neq 0$，$f_1(0) = 0$，$\dfrac{\partial f_1}{\partial x}(0) = 0$.

所述周期微分方程满足初值条件 $x(0) = x_0$ 的解记为 $x(t, x_0, \varepsilon)$，则由常数变易公式可知这个解满足

$$x(t, x_0, \varepsilon) = e^{At}\left(x_0 + \int_0^t e^{-As} F(s, x(s, x_0, \varepsilon), \varepsilon)ds\right),$$

其中 $F(t, x, \varepsilon) = f_1(x) + f(t, x, \varepsilon)$. 由微分方程基本理论知，函数 $x(t, x_0, \varepsilon)$ 在其定义域上关于其变量为 C^r 的，且 $x(t, 0, 0) = 0$. 又注意到 $\dfrac{\partial F}{\partial x}(t, 0, 0) = 0$，利用上面解满足的等式可知

$$\frac{\partial x}{\partial x_0}(t, 0, 0) = e^{At}.$$

因此，引入 Poincaré 映射 $P(x_0, \varepsilon) = x(T, x_0, \varepsilon)$，和后继函数 $d(x_0, \varepsilon) = P(x_0, \varepsilon) - x_0$，则有

$$d(0, 0) = 0, \quad \frac{\partial d}{\partial x_0}(0, 0) = e^{AT} - I, \quad d \in C^r,$$

其中 I 表示 n 阶单位矩阵. 利用矩阵的若尔当标准形理论知，如果 A 的若尔当标准形记为 J，则存在可逆矩阵 Q，使 $A = Q^{-1}JQ$，从而

$$e^{AT} = e^{Q^{-1}JQT} = Q^{-1}e^{JT}Q, \quad e^{AT} - I = Q^{-1}(e^{JT} - I)Q.$$

由此知，如果 $\lambda_1, \lambda_2, \cdots, \lambda_k$ 为矩阵 A 的所有互异的特征值，则指数矩阵 e^{AT} 的所有互异特征值就是 $e^{\lambda_1 T}, e^{\lambda_2 T}, \cdots, e^{\lambda_k T}$，而矩阵 $e^{AT} - I$ 的所有互异的特征值就是 $e^{\lambda_1 T} - 1, e^{\lambda_2 T} - 1, \cdots, e^{\lambda_k T} - 1$. 因此，由 $\det A \neq 0$(这等价于矩阵 A 没有零特征值) 可得

$$\det \frac{\partial d}{\partial x_0}(0, 0) = \det(e^{AT} - I) \neq 0.$$

于是，利用隐函数定理即知方程 $d(x_0, \varepsilon) = 0$ 关于 x_0 有唯一解 $x_0 = \xi(\varepsilon)$，它关于 ε 为 C^r 的，且 $\xi(0) = 0$. 现在与第 1 章的例 5.2 完全类似可证解 $x(t, x_0, \varepsilon)$ 为 T 周期的当且仅当 x_0 为映射 P 的不动点或函数 d 的零点 (即根)，从而，令

$$\varphi(t,\varepsilon) = x(t,\xi(\varepsilon),\varepsilon),$$

则易见结论成立. 证毕.

2.3   关于解的延拓定理之注解

2.3.1   论文原文

下面的论文是文献 [17] 的原文. 如前, 原文中出现的参考文献是指该原文本身的参考文献.

关于解的延拓定理之注解

韩茂安 [1], 李继彬 [2]

(1. 上海师范大学数学系, 上海 200234; 2. 浙江师范大学数学系, 金华 321004)

摘要   在数学专业的常微分方程课程里, 有关解的存在唯一性、解的延拓和解对初值与参数的连续性构成了微分方程最基本的理论, 这部分内容既是常微分方程的重点, 又是该课程的难点. 本文的目的是对解的延拓定理所涉及的概念和论证进行系统的梳理和完善, 并希望能够弥补微分方程教材中的有关不足.

关键词   延拓; 利普希茨条件; 饱和解

1. 解的存在与唯一性定理

考虑标量微分方程

$$\frac{dy}{dx} = f(x,y), \tag{1}$$

其中 f 为定义于下述矩形区域:

$$R: \ |x - x_0| \leqslant a, \ \ |y - y_0| \leqslant b \tag{2}$$

上的连续函数 (其中 a 与 b 为两个正数), 且存在常数 $L > 0$, 使对一切 $(x,y_1),(x,y_2) \in R$ 成立

$$|f(x,y_1) - f(x,y_2)| \leqslant L|y_1 - y_2|.$$

众所周知, 上述不等式称为利普希茨条件. 熟知的 Picard 存在唯一性定理可叙述如下.

定理 1 在上述假设下微分方程 (1) 存在唯一的定义于区间 $[x_0 - h, x_0 + h]$ 且满足初值条件 $y(x_0) = y_0$ 的解, 其中

$$h = \min\left\{a, \frac{b}{M}\right\}, \quad M = \max\{|f(x,y)| : (x,y) \in R\}.$$

上述定理是解的存在唯一性最经典的结果, 在许多常微分方程教材中都有证明, 见文献 [1]—[16].

下面, 我们讨论定义域更一般的标量方程. 首先给出区域的概念. 按照数学分析教材所定义的, 如果一平面点集 G 可以写成一个非空连通开集和该开集的部分边界点的并, 我们就说集合 G 是一个区域. 按照这个定义, 区域可以开的 (如果它是连通开集), 也可以是闭的 (如果它是某一连通开集和该开集所有边界点的并) 也可以是非开非闭的. 例如, 式 (2) 所定义的矩形 R 就是一个闭区域, 而集合 $\{(x,y)|\ x \geqslant 0,\ y > 0\}$ 是一个区域, 但它既不是开的, 也不是闭的. 又如, 集合 $\{(x,y)|\ x \geqslant 0\} \bigcup \{(x,y)|\ x \leqslant 0, y = 0\}$ 就不是一个区域.

现在, 我们可以叙述比定理 1 更为一般的存在唯一性定理了.

定理 2 设方程 (1) 中的函数 f 为定义于某平面区域 G 上的连续函数, 且在 G 上关于 y 满足局部利普希茨条件, 即对 G 的任意内点 (x_0, y_0), 都存在以该点为心且含于 G 的矩形区域, 使得函数 f 在该区域上关于 y 满足利普希茨条件, 则微分方程 (1) 存在唯一的定义于以 x_0 为心的某区间上且满足初值条件 $y(x_0) = y_0$ 的解.

上述定理很容易利用定理 1 的结论推出.

上述两个定理都称为解的存在唯一性定理, 并且都在许多常微分方程教材中出现, 它们的共同点是解的存在区间都是局部的. 其实, 在微分方程定性理论中起基石作用的解的存在唯一性定理不是上面的局部结果, 而是解的大范围存在唯一性定理, 这个定理是上面定理和解的延拓定理的直接推论. 下面一节我们就来详细讨论解的延拓定理.

2. 解的延拓定理

本段我们将假设方程 (1) 中的函数 f 为定义于某平面区域 G 上的连续函数, 且在 G 上关于 y 满足局部利普希茨条件. 首先, 我们引入延拓与限制的概念.

定义 1 设 $\varphi(x)\ (x \in I)$ 与 $\varphi_1(x)\ (x \in I_1)$ 均为方程 (1) 的解, 其中 I 与 I_1 为两个区间, 如果

(i) $I \subset I_1$, $I \neq I_1$;

(ii) $\forall x \in I$, $\varphi(x) = \varphi_1(x)$,

则称 φ_1 为 φ 的延拓, 同时称 φ 为 φ_1 的限制.

这里注意, 我们说定义在区间 I 上的函数 φ 为方程 (1) 的解, 意味着函数 φ 在区间 I 上可导, 且当 $x \in I$ 时成立 $(x, \varphi(x)) \in G$, $\varphi'(x) = f(x, \varphi(x))$.

易见, 延拓具有传递性, 即如果方程 (1) 有三个解 φ, φ_1 与 φ_2, 且 φ_2 为 φ_1 的延拓, φ_1 为 φ 的延拓, 则 φ_2 为 φ 的延拓.

有了延拓的概念, 就自然出现下面三个问题:

问题 1　给定一个解, 它什么时候存在延拓呢?

问题 2　一个解能够延拓到什么程度呢? 换句话说, 一个解是否存在最大范围的延拓解?

问题 3　这个最大范围的延拓解具有什么性质?

对于问题 1 与问题 3, 许多常微分方程教材中都有研究, 后面我们将指出在这些研究中存在的不足, 而对问题 2, 国内教材中则没有引起注意, 而忽视了证明, 本文的主要目的就是深入研究这一问题. 考虑到系统性和完整性, 下面我们对这三个问题逐一详细研究, 并得到比现有常微分方程教材中更为细致周密的结论. 关于第一个问题, 我们有

命题 1　设 $y = \varphi(x)$ 是方程 (1) 的解, 定义于区间 I. 又设 c 是区间 I 的一个端点, 则

(i) 若 $c \in I$ 时, 且点 $(c, \varphi(c))$ 是 G 的内点, 则该解必存在延拓;

(ii) 若 $c \notin I$ 时, 且函数 $\varphi(x)$ 在点 c 存在有限的单侧极限, 记为 d, 使得 $(c, d) \in G$, 则该解必存在延拓.

证明　不失一般性, 可设点 c 为 I 的右端点. 如果 $c \in I$ 且点 $(c, \varphi(c))$ 是 G 的内点, 则令 $(x_0, y_0) = (c, \varphi(c))$, 就有以 (x_0, y_0) 为心的形如 (2) 且含于 G 的矩形区域 R, 使得函数 f 在 R 上满足利普希茨条件, 于是由定理 1, 存在适当小的 $h > 0$, 使得方程 (1) 有定义于区间 $|x - x_0| \leqslant h$ 的唯一解 $y = \tilde{\varphi}(x)$. 令

$$\varphi_1(x) = \begin{cases} \varphi(x), & x \in I, \\ \tilde{\varphi}(x), & x_0 \leqslant x \leqslant x_0 + h. \end{cases}$$

那么, 函数 φ_1 就是 φ 的一个延拓. 这样的延拓称为 φ 的右向延拓. 类似地, 可定

义左向延拓.

如果 $c \notin I$, 且函数 $\varphi(x)$ 在点 c 有有限的单侧极限 d, 并使得 $(c, d) \in G$, 那么导函数 $\varphi'(x)$ 在点 c 也有有限的单侧极限, 于是下列函数

$$\varphi_1(x) = \begin{cases} \varphi(x), & x \in I, \\ d, & x = c \end{cases}$$

就是 φ 的一个延拓. 证毕.

由命题 1 易见, 如果 G 是一个开区域, 且 $y = \varphi(x)$ 的定义在一个闭区间上, 那么这个解一定有延拓, 而且有很多个延拓. 这就是众多常微分方程教材中都讲到的结论. 但如果区域 G 是闭的, 则方程 (1) 定义于闭区间上的解未必存在延拓. 例如, 线性方程

$$\frac{dy}{dx} = \sqrt{x(1-x)}y, \quad 0 \leqslant x \leqslant 1$$

的非零解都定义在闭区间 $[0, 1]$ 上, 这样的解就不存在延拓. 又如, 线性方程

$$\frac{dy}{dx} = \frac{1}{\sqrt{x}}y, \quad x > 0$$

有解 $y = e^{2\sqrt{x}}$, $x > 0$. 尽管该解在 $x = 0$ 处存在单侧极限 1, 但由于上述方程的右端函数在点 $(0, 1)$ 没有定义, 故这个解不能延拓到 $x = 0$, 或者说延拓到 $x = 0$ 以后的函数在区间 $[0, +\infty)$ 上不再是上述方程的解了.

在回答第二个问题之前, 我们需要引入饱和解与饱和区间的概念.

定义 2 设 φ 为 (1) 定义于区间 I 上的一个解, 如果这个解不存在延拓, 则称它是 (1) 的饱和解 (又称不可延拓解), 同时称区间 I 为饱和区间.

上述定义见文献 [14] 等. 文献 [12] 给出了饱和解定义的另一种说法, 即

定义 3 设 φ 为 (1) 定义于区间 I 上的一个解, 取 $x_0 \in I$, 并令 $y_0 = \varphi(x_0)$. 如果方程 (1) 的过点 (x_0, y_0) 的任何其他解都是 φ 的限制, 则称它是 (1) 的饱和解 (又称不可延拓解), 同时称区间 I 为饱和区间.

上述两个定义有没有区别呢? 下述命题给出了肯定的回答.

命题 2 设方程 (1) 有解 $y = \varphi(x)$, $x \in I$. 如果这个解按照定义 3 是饱和解, 则它按照定义 2 也是饱和解. 进一步, 如果定义于区域 G 上的连续函数 f 在 G 上关于 y 满足局部利普希茨条件, 则定义 2 与定义 3 是等价的.

证明　命题的前半部分的结论是显然的. 现证后半部分. 只需证, 在对 f 所做的假设下, 如果方程 (1) 有解 $y = \varphi(x)$, $x \in I$, $\varphi(x_0) = y_0$, 它按照定义 2 是饱和解, 即它不存在延拓, 那么它按照定义 3 也必是饱和解, 即要证方程 (1) 的任一满足 $\psi(x_0) = y_0$ 的解 $y = \psi(x)$, $x \in J$, 都是 φ 的限制, 除非它等于 φ. 先证在区间 $I \bigcap J$ 上成立 $\varphi = \psi$. 用反证法. 若 $I \bigcap J$ 中有点使函数 φ 与 ψ 取不同值, 不妨设该点大于 x_0, 于是必存在 $x_1 > x_0$ (事实上, $x_1 = \inf\{x | \varphi(x) \neq \psi(x), \ x > x_0\}$) 和 $\varepsilon > 0$, 使得对一切 $x \in [x_0, x_1]$ 有 $\varphi(x) = \psi(x)$, 而对 $x \in (x_1, x_1 + \varepsilon]$ 有 $\varphi(x) \neq \psi(x)$. 然而, 上述结论与方程过点 $(x_1, \varphi(x_1))$ 之解的唯一性矛盾. 于是, 在区间 $I \bigcap J$ 上必成立 $\varphi = \psi$. 进一步由假设知解 φ 是不可延拓的, 因此, 必有 $J \subset I$. 即为所证.

我们指出, 如果不假设 f 在 G 上关于 y 满足局部利普希茨条件, 则方程 (1) 可能有这样的解, 它按照定义 2 是饱和解, 而按照定义 3 它就不是饱和解. 例如, 方程 $\dfrac{dy}{dx} = y^{1/3}$ 有过原点的解 $y = 0$ 与

$$
y = \begin{cases} 0, & x \leqslant 0, \\ \left(\dfrac{2x}{3}\right)^{3/2}, & x > 0. \end{cases}
$$

按照定义 2, 这两个解都是饱和解, 但按照定义 3, 它们都不是饱和解.

上述命题和例子说明定义 2 适用范围更大一些, 而定义 3 只适用于解的存在唯一性处处成立的情形.

利用饱和解的概念, 前面的第二个问题就是说, 一个非饱和解能不能延拓成饱和解? 下面的命题 3 给出了明确的答案.

命题 3　设方程 (1) 中的函数 f 在平面区域 G 上连续, 且在 G 上关于 y 满足局部利普希茨条件. 则该方程的任一非饱和解都能够延拓成唯一的饱和解.

证明　我们这里提供三种证明方法.

证法 1　现设 $y = \varphi(x)$, $x \in I$ 为方程 (1) 的一给定非饱和解, 那么由命题 2 这个解就一定存在延拓, 每个延拓都有一个定义区间 (注: 这里应该要求定义区间都有界). 我们把所有延拓的定义区间的左端点集中在一起构成一点集 E_-, 右端点集中在一起构成集合 E_+. 令

$$
\alpha = \inf E_-, \quad \beta = \sup E_+,
$$

并引入区间 $\widetilde{I}$ 如下

$$\widetilde{I} = \begin{cases} [\alpha, \beta], & \alpha \in E_-, \ \beta \in E_+, \\ (\alpha, \beta], & \alpha \notin E_-, \ \beta \in E_+, \\ [\alpha, \beta), & \alpha \in E_-, \ \beta \notin E_+, \\ (\alpha, \beta), & \alpha \notin E_-, \ \beta \notin E_+. \end{cases}$$

显然有 $I \subset \widetilde{I}$, 又可能有 $\alpha = -\infty$ 或 $\beta = +\infty$. 下面我们来构造 (1) 的定义于 $\widetilde{I}$ 上的饱和解 $\widetilde{\varphi}(x)$.

对任一 $\bar{x} \in \widetilde{I}$, 若 $\bar{x} = \alpha$(或 β), 则存在 φ 的延拓 ψ, 定义于区间 J, 使得 $\alpha \in J$(或 $\beta \in J$), 此时我们定义 $\widetilde{\varphi}(\bar{x}) = \psi(\alpha)$(或 $\widetilde{\varphi}(\bar{x}) = \psi(\beta)$). 若 $\bar{x} \neq \alpha, \beta$, 则 $\bar{x}$ 是 $\widetilde{I}$ 的内点, 于是, 必存在 $\alpha' \in E_- \bigcap (\alpha, \bar{x})$, $\beta' \in E_+ \bigcap (\bar{x}, \beta)$, 以及定义在以 α', β' 为端点的区间 J 上的解 ψ, 满足 $\psi|_I = \varphi$, $I \subset J \subset \widetilde{I}$, $\bar{x} \in J$. 此时, 定义 $\widetilde{\varphi}(\bar{x}) = \psi(\bar{x})$, 以及 $\widetilde{\varphi}|_J = \psi$. 由解的存在唯一性定理, 易见 φ 的任何两个延拓, 在它们定义域的交集上是相等的, 因此, 函数 $\widetilde{\varphi}$ 在区间 $\widetilde{I}$ 中各点都有定义, 并且是 φ 的延拓.

按照上述方法所构造的 $\widetilde{\varphi}$ 就是 (1) 的饱和解, 而 $\widetilde{I}$ 就是其饱和区间. 此外, 由构造过程易见, 这样得到的饱和解是唯一存在的. 进一步, 若 G 为开区域, 则 $\alpha, \beta \notin \widetilde{I}$. 否则, 例如 $\alpha \in \widetilde{I}$, 则 $(\alpha, \widetilde{\varphi}(\alpha))$ 为 G 的内点, 于是 $\widetilde{\varphi}$ 又可以延拓, 这与它是饱和解矛盾. 因此, 如果 G 为开区域, 则饱和解 $\widetilde{\varphi}$ 的饱和区间为开区间 (α, β). 但若 G 不是开区域, 则饱和区间未必为开区间 (例如, 定义区域 $x \geqslant 0$ 上的线性方程解的饱和区间就是 $x \geqslant 0$).

证法 2 同前, 设 $y = \varphi(x)$, $x \in I$ 为方程 (1) 的一给定非饱和解, 其延拓 ψ 的定义区间记为 I_ψ, 令

$$\widetilde{I} = \bigcup \{I_\psi | \psi \text{为} \varphi \text{的延拓}\}.$$

可证这样定义的集合 $\widetilde{I}$ 是一个区间. 为此, 只需证, 任取 $x_1, x_2 \in \widetilde{I}$, $x_1 < x_2$, 就必有 $[x_1, x_2] \subset \widetilde{I}$. 事实上, 由 $\widetilde{I}$ 的定义, 存在 φ 的延拓 ψ_1 与 ψ_2, 使 $x_j \in I_{\psi_j}$, $j = 1, 2$. 注意到 I_{ψ_1} 与 I_{ψ_2} 都是包含区间 I 的区间, 从而 $I_{\psi_1} \bigcup I_{\psi_2}$ 是包含 I 的区间, 且 $[x_1, x_2] \subset I_{\psi_1} \bigcup I_{\psi_2}$. 利用解的存在唯一性定理, 可构造解 φ 的定义于区间 $I_\psi = I_{\psi_1} \bigcup I_{\psi_2}$ 上的延拓 ψ 如下:

$$\psi(x) = \begin{cases} \psi_1(x), & x \in I_{\psi_1}, \\ \psi_2(x), & x \in I_{\psi_2}. \end{cases}$$

这样就有 $I_\psi \subset \widetilde{I}$, 于是 $[x_1, x_2] \subset \widetilde{I}$. 故得证 $\widetilde{I}$ 是一个区间. 接下来, 我们可以按下面方式定义以这个区间为饱和区间的饱和解 $\widetilde{\varphi}$: 对任意 $x \in \widetilde{I}$, 必有 φ 的延拓 ψ, 使得 $x \in I_\psi$, 于是令 $\widetilde{\varphi}(x) = \psi(x)$. 利用解的存在唯一性定理, 易见这样定义的函数 $\widetilde{\varphi}$ 是 φ 的延拓, 而且不能再延拓.

证法 3　先设区域 G 是开集. 又设 $y = \varphi(x)$, $x \in I$ 为方程 (1) 的非饱和解, 则该解在区间的左端或右端可以延拓, 因此, 下列情况之一成立:

(a) 解 $\varphi(x)$ 左向不能延拓, 而右向能够延拓, 此时不妨设 $I = (a, b]$;

(b) 解 $\varphi(x)$ 左向能够延拓, 而右向不能延拓, 此时不妨设 $I = [a, b)$;

(c) 解 $\varphi(x)$ 左右两向都能够延拓, 此时不妨设 $I = [a, b]$.

今以情况 (a) 为例证之. 因为 G 是开区域, 必存在无穷个严格递增的紧集的序列 $K_j \subset G$, $j \geqslant 1$, 使得

$$(b, \varphi(b)) \in K_1 \subset K_2 \subset \cdots, \quad \bigcup_{j \geqslant 1} K_j = G.$$

令 $A_1 = K_1$, $A_j = K_j / K_{j-1}$, $j \geqslant 2$, 则每个 A_j 都是非空集, 而其闭包 $\bar{A}_j$ 为非空紧集, 并且 $\bigcup_{j \geqslant 1} A_j = G$. 可证对每个 $j \geqslant 1$, 必存在常数 $h_j > 0$, 使得对任意 $(x_0, y_0) \in \bar{A}_j$, 方程 (1) 过点 (x_0, y_0) 的解都在区间 $[x_0 - h_j, x_0 + h_j]$ 上有定义. 事实上, 存在正数 $\varepsilon_j > 0$, 使成立 $\bar{A}_j \subset \bar{B}_j \subset G$, 其中 $\bar{B}_j$ 是 B_j 的闭包, 而 B_j 由下式给出

$$B_j = \bigcup_{(x,y) \in \bar{A}_j} R_j(x, y), \quad R_j(x, y) = \{(u, v)|\ |u - x| \leqslant \varepsilon_j,\ |v - y| \leqslant \varepsilon_j\}.$$

令

$$M_j = \max_{(x,y) \in \bar{B}_j} \{|f(x, y)|\}, \quad h_j = \min\{\varepsilon_j, \varepsilon_j / M_j\}.$$

则由 Picard 存在唯一性定理的证明即知上述 h_j 即合要求.

现在从点 $(b, \varphi(b))$ 开始对 φ 向右延拓. 注意到数 h_1 与 A_1 中点无关, 或者说它对 A_1 中所有点是一致有效的, 因此函数 φ 必能够经过有限次的延拓而右向达到 A_1 的边界, 于是存在 φ 的右向延拓 φ_1, 定义于区间 $I_1 = (a, b_1]$, 使得点

$(b_1, \varphi_1(b_1))$ 是 A_1 的边界点, 再从点 $(b_1, \varphi_1(b_1))$ 继续向右延拓, 同上道理经过有限步可以到达 A_2 的边界, 即有 φ 的右向延拓 φ_2, 定义于区间 $I_2 = (a, b_2]$, 使得点 $(b_2, \varphi_2(b_2))$ 是 A_2 的边界点. 依此类推, 可得一系列延拓 φ_k, 定义于区间 $I_k = (a, b_k]$, 使得点 $(b_k, \varphi_k(b_k))$ 是 A_k 的边界点, 并且 $b < b_1 < b_2 < \cdots$.

现在引入区间 $\widetilde{I}$ 以及定义于该区间上的函数 $\widetilde{\varphi}$ 如下:

$$\widetilde{I} = \bigcup_{k \geqslant 1} I_k, \quad \widetilde{\varphi}|_{I_k} = \varphi_k.$$

往证 $\widetilde{I}$ 是开区间, 而函数 $\widetilde{\varphi}$ 是方程 (1) 的饱和解. 事实上, 如果 $b_k \to +\infty$, 则显然 $I = (a, +\infty)$, 此时结论成立. 设 $b_k \to \bar{b} < +\infty$, 则由 b_k 的单调性知 $I = (a, \bar{b})$. 要证 $\widetilde{\varphi}$ 是饱和解, 就是要证这个解不能延拓到点 $\bar{b}$. 用反证法. 若不然, 则左极限 $\widetilde{\varphi}(\bar{b} - 0) = \bar{y}$ 存在, 且使 $(\bar{b}, \bar{y}) \in G$. 由于 $b_k \to \bar{b}$, $\widetilde{\varphi}(b_k) \to \bar{y}$, 必存在适当大的正整数 i, 使对一切充分大的 k 恒有 $(b_k, \widetilde{\varphi}(b_k)) \in K_i$, 即 $(b_k, \varphi_k(b_k)) \in K_i$, 但由点 b_k 的构造, 这是不可能的. 故知解 $\widetilde{\varphi}$ 不能延拓到点 $\bar{b}$, 换句话说, 如果左极限 $\widetilde{\varphi}(\bar{b} - 0) = \bar{y}$ 存在, 那么必有 $(\bar{b}, \bar{y}) \notin G$, 也就是说 $(\bar{b}, \bar{y})$ 一定是区域 G 的边界点.

再考虑区域 G 不是开集的情况. 令 G_0 表示 G 的内部, 对给定的非饱和解 $y = \varphi(x)$, $x \in I$, 令 φ_0 表示 φ 在 I 的内部 I_0 的限制, 由上面证明, 将 (1) 视为定义于区域 G_0 上的方程, 函数 φ_0 可延拓成唯一的饱和解 $\widetilde{\varphi}_0$, 其饱和区间是开区间 $\widetilde{I}_0 = (\alpha, \beta)$, 如果 $\widetilde{\varphi}_0(\alpha+)$ 存在, 且使 $(\alpha, \widetilde{\varphi}_0(\alpha+)) \in G$, 则 $\widetilde{\varphi}_0$ 又可延拓到 α. 同理, 如果 $\widetilde{\varphi}_0(\beta-)$ 存在, 且使 $(\beta, \widetilde{\varphi}_0(\beta-)) \in G$, 则 $\widetilde{\varphi}_0$ 就可延拓到 β. 这样延拓后的函数记为 $\widetilde{\varphi}$, 那么该函数就是 φ 的延拓, 由上面证明这个函数所对应曲线的两个端点 (如果有限) 一定是 G 的边界点, 故这个函数不能再延拓了, 即它是饱和解. 即为所证.

上述证明中, 证法 1 在文献 [12] 与 [15] 中给出, 这里补充了一些证明细节, 并且不要求区域 G 是开集. 证法 2 中的饱和区间在文献 [14] 与 [10] 中曾给出, 而这里包含了详细的论证, 例如, 文献 [14] 和 [10] 均没有证明 $\widetilde{I}$ 确实是一个区间. 证法 3 的主要思路取自文献 [16], 但这里的细节又不同于文献 [16], 例如, 文献 [16] 只考虑了开区域的情况.

如果不要求方程 (1) 中的函数 f 在 G 上关于 y 满足局部利普希茨条件, 则可证其任一非饱和解都能够延拓成饱和解 (但唯一性不再成立). 详见文献 [13] 与 [14].

在进一步讨论饱和解的性质之前, 我们先引入下列定义.

定义 4　设 (1) 有定义于区间 I 的解 $y = \varphi(x)$, I 的端点为 a 与 b, 其中 $-\infty \leqslant a < b \leqslant \infty$. 如果 $a \in I$ 且 $(a, \varphi(a))$ 是 G 的边界点, 则称解 $y = \varphi(x)$ 在端点 a 达到 G 的边界; 如果 $a \notin I$, 且对 G 内任意紧集 V, 都存在任意接近 a 的点 $x \in I$, 使 $(x, \varphi(x)) \notin V$, 则称解 $y = \varphi(x)$ 在端点 a 逼近 G 的边界. 同理可定义 解 $y = \varphi(x)$ 在端点 b 达到或逼近 G 的边界 (又说成右端达到或逼近 G 的边界).

在上述定义中, 当 $a = -\infty$ 时, "任意接近 a 的点 $x \in I$" 理解为 "存在负数 $x \in I$, 且 $|x|$ 可以任意大", 解 $y = \varphi(x)$ 在端点 a 达到或逼近 G 的边界又可以 说成这个解左端达到或逼近 G 的边界.

有了上述概念, 我们就可以给出饱和解的性质如下.

命题 4　设方程 (1) 中的函数 f 在平面区域 G 上连续, 且在 G 上关于 y 满 足局部利普希茨条件. 如果 $y = \varphi(x)$ $(x \in I)$ 是 (1) 的饱和解, 则它在区间 I 的 左右两端都能够达到或逼近区域 G 边界.

证明　设饱和区间 I 分别以 a 与 b 为左右端点. 要证解 $y = \varphi(x)$ 在点 a 与 b 都能够达到或逼近区域 G 边界. 由于类似性, 今以端点 a 为例证之. 如果 $a \in I$, 则由命题 1 知 $(a, \varphi(a))$ 一定是 G 的边界点, 从而 $\varphi(x)$ 在端点 a 达到边界. 事实 上, 因为 $a \in I$, 则 $(a, \varphi(a)) \in G$, 因为 G 是区域, 如果 $(a, \varphi(a))$ 不是 G 的边界点, 它就是 G 的内点, 因此 $\varphi(x)$ 在端点 a 必可以向左进一步延拓, 这与 I 是饱和区 间矛盾. 如果 $a \notin I$, 我们要证明对位于 G 内部的任一紧集 V, 必存在任意接近 a 的点 $x \in I$, 使 $(x, \varphi(x)) \notin V$. 若不然, 则存在位于 G 内部的紧集 V, 使对任意小 的 $\varepsilon > 0$ 有 $(a+\varepsilon, \varphi(a+\varepsilon)) \in V$, 则存在充分小的 $\varepsilon_0 > 0$ 使对一切 $x \in (a, a+\varepsilon_0]$ 有 $(x, \varphi(x)) \in V$. 考虑到 V 为紧集, 必有 $a > -\infty$. 令

$$M = \max\{|f(x, y)| : (x, y) \in V\}.$$

则

$$|\varphi'(x)| = |f(x, \varphi(x))| \leqslant M, \quad x \in (a, a + \varepsilon_0].$$

由微分中值定理知 φ 在 $(a, a + \varepsilon_0]$ 上是一致连续的, 从而

$$\lim_{x \to a+} \varphi(x) = \varphi(a+)$$

必存在有限, 且 $(a, \varphi(a+)) \in V$ (因为 V 为紧集). 又因为 V 位于 G 内, 故点 $(a, \varphi(a+))$ 为 G 的内点. 于是由命题 1, φ 在 $x = a$ 可进行左向延拓, 这与 φ 为 饱和解矛盾. 证毕.

由命题 3 和命题 4, 即得下述解的延拓定理.

延拓定理 设方程 (1) 中的函数 f 在平面区域 G 上连续, 且在 G 上关于 y 满足局部利普希茨条件. 则该方程的任一非饱和解都能够延拓成唯一的饱和解, 并且该饱和解在左右两端都达到或逼近区域 G 的边界.

通过对比可知, 上述延拓定理的叙述不同于国内外所有现有教材, 这里的叙述更加准确. 由这一延拓定理即得下述解的大范围存在唯一性定理.

大范围存在唯一性定理 设方程 (1) 中的函数 f 在平面区域 G 上连续, 且在 G 上关于 y 满足局部利普希茨条件. 则该方程过 G 内任一点都存在唯一的饱和解.

最后指出, 有关解的延拓的内容, 国内许多教材都存在下列一种或多种不足:

(i) 没有明确给出饱和解的概念或延拓的概念不准确.

(ii) 没有列出也没有证明命题 3. 其实, 完整证明延拓定理证明命题 3 是必不可少的一步.

(iii) 没有证明命题 4, 而对延拓定理述而不证.

(iv) 在证明命题 4 时, 把区域 G 视为了开集, 从而导致延拓定理的叙述不够准确, 证明不够严密.

作者感谢 Valery Romanovsky 教授提供文献 [16], 以及有益的讨论.

参 考 文 献

[1] 蔡燧林. 常微分方程. 武汉: 武汉大学出版社, 2003.

[2] 王高雄, 周之铭, 朱思铭. 常微分方程. 3 版. 北京: 高等教育出版社, 2006.

[3] 阮炯. 常微分方程. 上海: 复旦大学出版社, 1991.

[4] 金福林, 阮炯, 黄振勋. 应用常微分方程. 上海: 复旦大学出版社, 1991.

[5] 楼红卫, 林伟. 常微分方程. 上海: 复旦大学出版社, 2007.

[6] 丁同仁, 李承治. 常微分方程教程. 2 版. 北京: 北京大学出版社, 2004.

[7] 焦宝聪, 王在洪, 时红廷. 常微分方程. 北京: 清华大学出版社, 2008.

[8] 张伟年, 杜正东, 徐冰. 常微分方程. 北京: 高等教育出版社, 2006.

[9] 丁崇文. 常微分方程. 2 版. 厦门: 厦门大学出版社, 2006.

[10] 王素云, 李千路等. 常微分方程. 西安: 西安电子科技大学出版社, 2008.

[11] 袁荣. 常微分方程. 北京: 高等教育出版社, 2012.

[12] 韩茂安, 周盛凡, 邢业朋, 丁玮. 常微分方程. 北京: 高等教育出版社, 2011.

[13] 尤秉礼. 常微分方程补充教程. 北京: 人民教育出版社, 1982.

[14] 赵爱民, 李美丽, 韩茂安. 微分方程基本理论 (重印版). 北京: 科学出版社, 2013.

[15]　庞特里亚金. 常微分方程. 林武忠、倪明康译. 北京: 高等教育出版社, 2006.

[16]　Bibikov, Yu.N. 微分方程教程 (俄文版). 彼得堡: 列宁格勒大学出版社, 1981.

2.3.2　阅读理解与分析

1. 问题与思考

(1) 根据论文摘要, 本文的主要目的是什么?

(2) 摘要中所述的三类基本定理你都熟悉吗? 关于论文第 1 节中给出的定理 1, 该定理的证明步骤是否还记得?

(3) 试求一阶线性微分方程方程

$$\frac{dy}{dx} = \frac{1}{\sqrt{x}}y, \quad (x,y) \in G$$

的通解, 其中 $G = \{(x,y)|\ x > 0\}$. 当 $x \to 0$ 时上述方程的解会到达区域 G 的边界吗?

(4) 你如何理解论文中这样一句话: "方程 $\frac{dy}{dx} = y^{1/3}$ 有过原点的解 $y = 0$ 与

$$y = \begin{cases} 0, & x \leqslant 0, \\ \left(\frac{2x}{3}\right)^{3/2}, & x > 0. \end{cases}$$

按照定义 2, 这两个解都是饱和解, 但按照定义 3, 它们都不是饱和解"?

(5) 在命题 3 中, 如果去掉条件 "函数 f 在平面区域 G 上关于 y 满足局部利普希茨条件", 那么其结论如何修正, 又如何证明?

(6) 文中命题 4 的证明接近最后时说 " φ 在 $(a, a+\varepsilon_0]$ 上是一致连续的, 从而

$$\lim_{x \to a+} \varphi(x) = \varphi(a+)$$

必存在有限". 试证明之.

(7) 论文中说 "(本文的) 延拓定理的叙述不同于国内外所有现有教材, 这里的叙述更加准确", 试找出几本国内常微分方程教材对延拓定理的叙述, 通过比较发现这里的叙述在什么地方 "更加准确"?

(8) 考虑一阶微分方程

$$\frac{dy}{dx} = f(x,y), \quad (x,y) \in G,$$

其中 $G \subset \mathbf{R}^2$ 为某一区域. 如果函数 f 在区域 G 上有定义、连续且有界, 那么上述微分方程的任一解是否都在其饱和区间上一致连续?

(9) 考虑一阶线性微分方程

$$\frac{dy}{dx} = a(x)y + b(x), \quad x \in J,$$

其中 $J \subset \mathbf{R}$ 为某一开区间 (可能有界也可能无界), 而 $a(x)$ 与 $b(x)$ 为 J 上的连续函数. 试给出这个线性方程的解都在区间 J 上为一致连续的充分条件.

(10) 命题 3 的证法 1 中利用定义区间为有限的所有延拓的定义区间的端点定义了集合 E_- 与 E_+. 请问: 如果不要求定义区间有限, 会出现什么问题?

2. 评注与分析

请遵照写作的三项基本原则, 书面回答下列问题.

(1) 总结与分析: 你认为本文的主要结果是什么? 你看了本文之后有什么收获?

(2) 评注与感悟: 通过对本文的研读与思考, 你对本文的写作 (论文的结构、内容的安排、细节的处理、语言的叙述等) 有什么认识和评判?

(3) 关于微分方程解的性质, 请思考有什么值得进一步研究的问题?

3. 课堂讨论与课下作业

请同学 (或部分同学) 分享各自对 "问题与思考" 与 "评注与分析" 中所提问题的回答 (每个人用 PPT 等讲演 3~5 分钟), 在老师引导下展开讨论.

第3章 论文写作纲要与英文常用语

　　一篇论文就是一件作品，而且应该是一个创作，因此在作品完成之前一定有个构思过程，即对整篇论文如何布局，对每个组成部分又如何组织细节。当然，在论文成稿之前，最初的工作是确定研究目标，以及如何解决问题、完成任务，这属于发现问题解决问题的范畴。本章的内容主要是介绍在解决问题之后如何把解决问题的全过程整理成一篇供人阅读的文章，即按什么样的框架把文章写出来，这就是论文的写作问题。一般来说，一篇完整的论文可粗略地分为以下几个部分：

　　(1) 题目与摘要；

　　(2) 论文正文；

　　(3) 致谢与参考文献。

其中最主要的是正文的写作。以下分别阐述这三部分内容的写作要领。

3.1 论文题目与摘要

首先, 题目 (title), 顾名思义, 就是一篇文章的标题, 因此, 题目一定要尽量准确地反映出论文的研究主题 (主要结果与目的). 其次, 题目的长短要适中, 用词要恰当、明了. 此外, 题目一般是一个有完整意思的短语, 也可以是一个完整的句子, 例如

第16讲 论文的组成及题目与摘要的写作

- 一般三次系统的 Hopf 分支
- 一类三维多项式系统的倍周期分支
- 天气可以预报吗? (这是吕克宁教授于 2016 年在上海师范大学的演讲题目)

紧接着论文题目的是作者名字和其工作单位地址, 再往下就是论文摘要 (abstract). 摘要所包含的内容应该是对论文的主要结果与方法准确的概述, 也可以包括对结果意义等的简要描述. 摘要一般是一段话, 少则两三句, 多则十来句. 就像文献 [18] 中所述的, 论文摘要应该:

(1) 概括文章的主要目的、思想和结果;

(2) 尽可能简明扼要、意思明确, (并且) 尽可能让更多的人读懂你的叙述.

值得注意的是, 摘要应该以直接客观的文字叙述为主, 尽量避免出现复杂的公式以及敏感的注释和评论. 下面我们列出一些范例.

例 1.1 作者 Jack K. Hale 的论文 [19] 的题目与摘要如下.

题目: A Class of Neutral Equations with the Fixed Point Property

摘要: For a neutral functional differential equation with a stable operator, D, it is shown that the solution operator is the sum of a contraction and a completely continuous operator.

评注: 该文题目是一个短语, 而摘要就只有一句话, 开门见山且非常简洁地叙述本文所获得的一个结果.

例 1.2 作者韩茂安、李继彬的论文 [20] 的题目与摘要如下.

题目: 关于解的延拓定理之注解

摘要: 在数学专业的常微分方程课程里有关解的存在唯一性、解的延拓和解对初值与参数的连续性构成了微分方程最基本的理论, 这部分内容既是常微分方程的重点, 又是该课程的难点. 本文的目的是对解的延拓定理所涉及的概念和论证进行系统的梳理和完善, 并希望能够弥补微分方程教材中的有关不足.

评注：题目是一短语, 摘要由两个长句组成, 第一句指出本科数学专业常微分方程课程有三类重要的基本定理 (解的存在唯一性、解的延拓和解对初值与参数的连续性), 第二句概述本文的目的 (对三类定理之一, 发现国内众多常微分方程教材存在的不足, 并进行梳理和完善).

例 1.3　作者朱德明、白玉真的论文 [21] 的题目与摘要如下.

题目：　哈密顿系统的低维环面的保存性

摘要：　本文给出了关于哈密顿系统低维环面的一个推广的 KAM 定理, 它适用于同时存在法向频率和双曲法向分量的情况. 其证明基于尤建功的一个定理的光滑性表述及法向双曲不变流形理论的应用. 文中还给出了另外两种情况下的推广.

评注：题目是一短语, 意思明确完整. 摘要也是开门见山、简单明了, 概述了所得主要结果, 以及其应用价值和证明方法.

例 1.4　作者李继彬的论文 [22] 的题目与摘要如下.

题目：非线性非齐次弹性材料模型的精确模态波解和动力学性质

摘要：本文研究一个非线性非齐次弹性材料模型的模态行波解, 其行波系统是第一类奇行波方程. 应用已经发展的奇系统理论和动力系统方法, 本文得到行波系统的相图随参数而改变的分支行为; 对应不同的水平曲线, 得到周期行波解和有界紧解 (compactons) 的精确参数表示.

评注：题目是一个并列短语, 摘要有三句话, 分别包含三层意思：论文的研究主题、所用的主要方法、得到的主要结果. 层次分明、表述简洁并且准确.

例 1.5　作者 Hector Giacomini, Jaume Gine 与 Jaume Llibre 的论文 [23] 的题目与摘要如下.

题目：The problem of distinguishing between a center and a focus for nilpotent and degenerate analytic systems

摘要：In this work we study the centers of planar analytic vector fields which are limit of linear type centers. It is proved that all the nilpotent centers are limit of linear type centers and consequently the Poincaré-Liapunov method to find linear type centers can be also used to find the nilpotent centers. Moreover, we show that the degenerate centers which are limit of linear type centers are also detectable with the Poincaré-Liapunov method.

评注：题目是一个短语，摘要有三句话，概述论文的研究主题，以及所获得的主要结果，也包含了所得结果的意义 (用途).

例 1.6 作者 P. De Maesschalck 与 F. Dumortier 的论文 [24] 的题目与摘要如下.

题目：The period function of classical Liénard equations

摘要：In this paper we study the number of critical points that the period function of a center of a classical Liénard equation can have. Centers of classical Liénard equations are related to scalar differential equations $\ddot{x} + x + f(x)\dot{x} = 0$, with f an odd polynomial, let us say of degree $2l-1$. We show that the existence of a finite upper bound on the number of critical periods, only depending on the value of l, can be reduced to the study of slow-fast Liénard equations close to their limiting layer equations. We show that near the central system of degree $2l-1$ the number of critical periods is at most $2l-2$. We show the occurrence of slow-fast Liénard systems exhibiting $2l-2$ critical periods, elucidating a qualitative process behind the occurrence of critical periods. It all provides evidence for conjecturing that $2l-2$ is a sharp upper bound on the number of critical periods. We also show that the number of critical periods, multiplicity taken into account, is always even.

评注：题目很简洁，而且很切题. 摘要比较长，概述了论文的研究主题和获得的主要研究成果，据此提出了一个猜测. 美中不足之处是所描述的主要结果过于具体，略显啰嗦.

例 1.7 作者 Christiane Rousseau, Dana Schlomiuk 与 Pierre Thibaudeau 的论文 [25] 的题目与摘要如下.

题目：The centres in the reduced Kukles system

摘要：In this paper we consider the family of the cubic systems of Kukles with the condition that one of the parameters a_7 is zero. Under this restriction the centre conditions were given by Kukles. The study of this family, exhibits properties and issues which are important in the problem of the full classification of cubic systems with a centre. The family is formed of four strata, one of which is made up of quadratic systems and was studied before by Schlomiuk. If we consider the three strata formed by truly cubic systems, we have a first (second) stratum consisting of systems symmetric with respect to the x-axis (y-axis) and a third stratum consisting of systems with two invariant straight lines and having an elementary first integral obtained by the Darboux method. Systems in either one of the symmetric strata do not possess elementary first integrals generically. The first stratum is formed by integrable systems having a Liouvillian first integral. We show that systems in the second stratum have no Liouvillian first integral. We give the full bifurcation diagram of each stratum of truly cubic systems.

评注: 题目是一短语, 简明扼要, 凸显研究主题. 摘要是一段话, 概述了论文的研究主题、该项研究的重要性、相关研究进展和所得主要结果.

例 1.8 作者 P. De Maesschalck 与 F. Dumortier 的论文 [26] 的题目与摘要如下.

题目: Classical Liénard equations of degree $n \geqslant 6$ can have $[(n-1)/2] + 2$ limit cycles

摘要: Based on geometric singular perturbation theory we prove the existence of classical Liénard equations of degree 6 having 4 limit cycles. It implies the existence of classical Liénard equations of degree $n \geqslant 6$, having at least $[(n-1)/2] + 2$ limit cycles. This contradicts the conjecture from Lins, de Melo and Pugh formulated in 1976, where an upper bound of $[(n-1)/2]$ limit cycles was predicted. This paper improves the counterexample from Dumortier, Panazzolo and Roussarie (2007) by supplying one additional limit cycle from degree 7 on, and by finding a counterexample of degree 6. We also give a precise system of degree 6 for which we provide strong numerical evidence that it has at least 3 limit cycles.

评注: 题目是一句完整的话, 以吸引读者的注意力, 引起读者的兴趣. 摘要是一段话, 概述了论文的研究主题、所得主要结果以及所用方法, 并与已知结果和猜想做了对比, 强调所得结果的重要性.

例 1.9 作者 J. Llibre, D.D. Novaes 与 M.A. Teixeira 的论文 [27] 的题目与摘要如下.

题目：On the birth of limit cycles for non-smooth dynamical systems

摘要：The main objective of this work is to develop, via Brower degree theory and regularization theory, a variation of the classical averaging method for detecting limit cycles of certain piecewise continuous dynamical systems. In fact, overall results are presented to ensure the existence of limit cycles of such systems. These results may represent new insights in averaging, in particular its relation with non-smooth dynamical systems theory. An application is presented in careful detail.

评注：题目是一个短语, 其意思很明确. 摘要是一段话, 概述了论文用什么方法做什么工作, 以及所得结果有什么意义.

3.2 论 文 正 文

3.2.1 论文基本格式

论文正文的写作格式是多种多样的, 但一般来说可分为三部分, 即

第17讲 论文
正文的写作
要领

    1. 引言;

    2. 预备引理 (或预备知识);

    3. 主要结果与证明.

如果主要结果较易叙述明白, 也可以这样安排

    1. 引言与主要结果;

    2. 预备引理 (或预备知识);

    3. 主要结果的证明.

也有的论文是按照下面的格式来展开的

    1. 引言 (或引言与预备知识);

    2. 主要结果与证明;

　　3. 结束语.

　　在动手正式写作论文正文之前, 一个关键的环节是构思论文的框架, 即确定论文分成几节内容, 每一节包含哪些方面. 然后开始每一节的写作, 尽管引言部分都是放在文首, 这部分内容往往是论文最后阶段才完成的. 因此, 就写作的过程来说, 往往先写作预备引理与主要结果的证明, 在这部分内容的写作过程中, 每一个细节应该尽量详尽, 涉及的推理与计算都应该条理分明、细致明确、逻辑严密, 等到论文完成初稿而进行修改的时候, 可进一步对细节做适当调整, 包括删减与增补等. 下面, 我们来探讨论文正文的每个组成部分的写作要点.

3.2.2　引言的写作

　　引言的写作很关键, 这部分的内容应该包括以下几个方面:

　　(1) 简洁地提出论文的研究主题、研究动机, 以及研究课题的重要性 (理论价值和实际意义);

　　(2) 介绍有关的历史背景、研究进展和现状, 包括已经解决了哪些问题, 有哪些已知方法和结果, 所研究课题在所属领域中占有什么地位, 需要进一步解决什么问题, 面临什么样的困难, 等等;

　　(3) 描述论文所获得的主要结果, 用到的主要工具或建立的主要方法, 以及所得主要结果的价值和用途;

　　(4) 简述论文接下来的几节的内容安排, 即每一节要研究和解决什么问题.

　　当然, 引言的写作顺序不一定按照上面所列的顺序. 一般来说, 引言的开头可以开门见山地提出论文要研究的问题和动机, 也可以介绍相关课题的研究背景、进展与现状. 有些结果需要给出较详细的介绍, 必要时可以把与所做研究密切相关的结果以引理或定理的形式列出, 有些结果可以做简单的描述. 这部分内容应该下功夫写好, 相关的文献引用尽量全面, 语言的表述尽量通顺, 充分体现出作者对所做研究课题进展和前沿的了解程度和对所涉及的理论方法的理解程度. 为了叙述方便和条理清楚, 介绍已有研究工作时要考虑如下几个因素:

　　(1) 按论文发表的时间, 先介绍较早的工作;

　　(2) 顾及所获结果的关联度, 先介绍形式较广的结果;

　　(3) 段落之间的衔接和相关课题的转换要顺畅和自然.

　　引言中间主要是简述论文获得的主要结果和方法, 主要结果多用文字叙述, 也可以以定理的形式列出 (有时候这一节的标题 "引言" 就改成 "引言与主要结果"). 还可以将论文结果与已有结果进行比较, 甚至提出进一步研究的展望, 但要注意语言用词, 既要委婉优雅, 又要实事求是.

引言的结尾往往是告诉读者接下来几节的内容组织和安排. 引言的篇幅一般在两三页.

3.2.3 预备知识的写作

预备知识或预备引理 (preliminaries) 一般包括两部分的内容, 一部分是引用已有的结果或概念, 以定义的形式给出或以引理或定理的形式给出, 一般不再给出其证明 (有时为了理论的系统性, 则可以给出证明, 或者给出一个新的证明), 但对这部分内容需要注意的是, 对所引用的每个结果 (引理、定理或定义等) 都应该注明出处, 特别是应该注明最初获得这些结果的文献, 除非是一些众所周知的经典结果. 另一部分内容是建立若干新的命题, 一般是以引理的形式写出来, 并给出详细证明.

在列出主要结果之前, 先罗列或证明一些引理, 便于后面引用, 显得条理清楚, 其中个别引理还可能将来在他文中用到.

3.2.4 主要结果与证明的写作

论文的核心部分是主要结果及其证明, 主要结果应该以定理的形式出现, 其证明往往是紧随定理之后给出. 也有论文的个别定理的证明放在定理之前, 也就是说, 经过若干步推导之后获得一个你想要的结论, 这个结论有独立的使用价值, 然后将它以定理的形式表述出来. 主要结果可以是一个定理, 也可以是多个定理.

第18讲 主要结果与证明及致谢与参考文献写作要领

如文献 [28] 所述的, 在叙述定理的证明时, 要追究每一步是否有根据, 它的根据是什么, 是定义, 还是公理和定理, 决不能含糊, 更不能想当然. 当你使用 "显然" 二字时, 要仔细考虑一下, 是否真 "显然". 用直观自然语言推导的环节, 要特别注意, 是否还存在没有考虑的情况, 是否可换成严格的推理; 我们写论文宣布成果, 这当然很重要, 但仅做到这点还不够, 还应该给人更多的启迪思维的作用. 应该告诉读者, 该定理是怎样提出来的, 又是怎样想到这个证明的, 这就是要把关键的思维过程和方法内涵写进去. 阅读这样的论文, 能够使人得到数学发现发明的启示, 激发读者的创新灵感, 从而更好地培养人们的数学创造能力.

另一方面, 又如文献 [28] 所述, 数学论文要求语言简洁, 以恰到好处的语言, 准确地表达数学概念与逻辑推理, 使之字里行间, 增一字则太多, 减一字则太少, 能以最少的语言表达出最精湛的数学结果, 反映出最丰富的数学内容.

有时, 我们可以在论文正文的最后写一段总结, 称为结束语 (summary, conclusions 或 concluding remarks), 再次强调或总结一下论文的亮点结果或方法, 展望未来工作方向等等.

总之, 论文正文每个部分的写作仍是要遵循第 1 章提到的写作三原则, 即

(1) 结构合理、条理清楚;

(2) 推导无误、论证严密;

(3) 叙述严谨、语句通顺.

论文写作始终都应该铭记这三条基本原则.

第19讲　论文的修改与数学论文英文常用语

3.2.5　论文的修改

为了能够符合上述三个基本要求, 在论文完成初稿之后, 还要进行多次的修改. 修改一定要认真细致, 逐字逐句进行, 连标点符号也不放过. 在修改过程中, 应该注意以下几点.

(1) 对多次出现的表达式, 或对出现于一个过长的式子里的表达式, 应该引入一个新的量 (记号) 来代替这个表达式, 例如, 如果表达式 $x^2+2\sin x+e^x+1$ 出现多次, 不妨将它记为 $f(x)$, 即 $f(x)=x^2+2\sin x+e^x+1$. 另一方面, 每次引入一个新的量都应该及时地予以解释. 当出现一个新函数时应该要明确其定义、定义域, 甚至值域, 对后面需要引用的公式或方程式, 应当编号, 以便于后面多次引用.

(2) 每句话、每个公式、每个推理, 甚至每段话、每节内容, 都要适时给出. 例如, 某一公式在某处出现, 要考虑是不是马上要用到, 如果不是马上用到, 就应该在后面给出. 一些解释性的句子也是一样, 应该置于逻辑上最合适的地方.

(3) 每一句话的叙述, 特别是定理的叙述, 都要语法正确、语意准确、语言精炼、上下连贯、衔接自然, 要把自己心中明白的推理清清楚楚写出来, 使得读者能够看明白, 不至于感觉含义模糊而产生歧义. 定理内容的表述要完整, 使得以后他文引用时无需改述. 对于公式推导与证明, 每一步都应该正确无误、有理有据, 并且写明道理, 使得读者容易理解, 推导与证明过程又要反复验算, 以免出错. 有些复杂繁琐的计算可以放在文末的附录里.

(4) 当完成一个命题的论证或一个主题的表述而转向另一个命题或主题时, 需要用到合适的过渡或转折词语来衔接, 可以是一个词、一个短语或一句话. 这样可使得上下段的叙述看起来比较连贯和通顺, 论证思路比较明确, 而不会使读者一下子感到不知所云.

论文写作与论文修改都是很艰巨的工作, 写作的时候往往满怀激情, 但在修改的时候会很辛苦, 有可能感到迷茫而痛苦不堪. 论文是写给别人看的, 一定要把自己懂的过程写得清清楚楚、明明白白, 使得读者能够看懂, 而且在阅读过程中得到享受. 有时候可能自以为写清楚了, 其实可能离这三点基本原则还相差甚远, 因此, 论文成稿后需要反反复复地修改. 有时候修改几遍之后可以先放一段时间, 再看再改, 这时候可能有的地方你也看不懂了, 这就说明你没有写清楚, 那就再改吧.

3.2.6 "引言" 范例

下面我们给出几个 "引言" 的例子.

例 2.1 论文 [25] 的引言 (Introduction)

In recent years progress has been made concerning singularities which are centres in polynomial systems. This progress was due partly to studies of specific classes of such systems, partly to theoretical development. An interaction between the two sides of this research was evident in a number of instances. In [Sl] a complete analysis was given for quadratic systems with a centre. This analysis established the role of invariant algebraic curves in the theory of the centre for quadratic systems: these curves characterize generically the systems. Although algebraic invariant curves do not completely determine the behaviour of systems with a centre for the higher degree cases, they form a part of the picture in these cases. Thus the complete study of a specific class of systems, the quadratic ones with a centre, unravelled part of the picture in the higher degree cases. The question remained as to what other aspects are necessary to obtain a complete picture for the higher degree cases. In an interesting preprint [Zl] (cf [SZ]), Zoladek put forward a number of claims concerning centres for polynomial systems, in particular the claim that cubic systems with a centre are either Darboux integrable or limits of such (and hence possessing invariant algebraic curves) or reversible.

Zoladek's proof of this claim was not understood, but people agree that this interesting, clear cut statement is deserving of attention. Recently Zoladek announced that the necessary and sufficient conditions for a centre given in [Zl] are only sufficient. The paper [Z2] deals with the classification of cubic reversible systems, which are neither Darboux integrable, nor Darboux-Schwartz-Christoffel integrable or Darboux hyperelliptic integrable. The paper [So] contains the beginning of the classification of cubic systems which are Darboux integrable.

We feel that more work concerning specific classes of systems needs to be done and this article is part of this effort. In [D] an example of a cubic system was exibited showing that it is possible to have simultaneously a centre and a limit cycle [D], a situation which is impossible in the quadratic case. In [RS] a detailed study of the cubic systems symmetric with respect to a centre is done showing that although these systems are Darboux integrable (or limits of such) and hence possess invariant algebraic curves not all bifurcation phenomena for these systems correspond to bifurcation of these invariant curves. In this work we consider another class of systems, the reduced Kukles systems with centre and we study these. In particular we give their bifurcation diagram. The Kukles' systems correspond to second order differential equations and can be written as autonomous cubic systems as follows:

$$
\begin{aligned}
\dot{x} &= -y, \\
\dot{y} &= x + a_1 x^2 + a_2 xy + a_3 y^2 + a_4 x^3 + a_5 x^2 y + a_6 xy^2 + a_7 y^3
\end{aligned}
\tag{1.1}
$$

depending on parameters a_i, $i = 1, 2, \cdots, 7$. Kukles announced in 1944 [K] that he had necessary and sufficient conditions for the system (1.1) to have a centre. Christopher and Lloyd checked that these conditions were sufficient [CL] and [Cl], while Jin and Wang [JW] showed that the logic disjunction of these was not necessary. They are however necessary and sufficient in the particular case $a_7 = 0$, which we call the *reduced Kukles system*. These systems exibit the phenomena appearing in the broad classification of cubic systems in [Zl] and thus form like a testing bed for some of the issues and notions involved in understanding cubic systems. More specifically, the reduced Kukles systems with a centre split into four strata in the parameter space $(a_1, \cdots, a_6)$, two of which having a symmetry axis, i.e. consisting of reversible systems in the terminology used in [Zl]. We call these classes of type I and type II. The other two classes are formed of Darboux integrable systems (or limits of such), one of them consisting of quadratic integrable systems, the study of which is completed in [Sl]. In type I we can easily calculate the first integral, which is Liouvillian. The integrating factor in this case is elementary. In type II, we can show that a generic system has no invariant algebraic curve. From the work of Prelle and Singer [PS] (also [SZ]), we then conclude that generically the systems have no elementary first integral. We can also show that the systems generically have no generalized Darboux factor (definition in section 4). From a theorem of Christopher [C2] we deduce that generically the systems of type II have no Liouvillian first integral. Thus the systems of type II form an example of a class of systems which are reversible but have neither an elementary, nor a Liouvillian first integral. We classify the reduced Kukles systems with a centre, giving the bifurcation diagram of each stratum. The class I is four dimensional in the parameter space but since on the space of systems of type I acts the group of time rescaling by positive constant factors, we only need to perform this diagram in a three-dimensional space. Similarly, the class II is three-dimensional and we only need to do the bifurcation diagram on a plane. The remaining stratum which we call III, is three-dimensional. Due to the group action, it suffices to perform the diagram on a plane. The systems in the stratum III generically have two invariant lines, from which we can construct an integrating factor, i.e. they are of Darboux type. In this case all bifurcations are bifurcations of the singular points. Each bifurcation of the singular points is a bifurcation of the two invariant lines, except for the transition from a focus to a centre when $a_2 = 0$.

We give the bifurcation diagram of each of these strata. For the first stratum we give evidence for the bifurcation diagram but the proof is not complete. The first two strata consist of systems with a symmetry axis (reversible systems in the terminology of Zoladek [Zl]) and the first integrals are generically not elementary. The bifurcations occuring in the strata for systems of type I and II are bifurcations of the singular points and bifurcations of saddle connections. In the stratum of type I we find a codimension 2 bifurcation corresponding to simultaneous saddle connections and its full unfolding inside the full Kukles' family.

The Kukles' family is highly non-generic in the sense that several generate situations have no universal unfoldings even in a restricted context. For instance if we are in a stratum of reversible systems we look for universal unfoldings inside analytic reversible systems on the Poincaré sphere. Here all singular points at infinity are non-hyperbolic and the singular points at infinity on the y-axis are even generically non semi-hyperbolic. It is conjectured that all degenerate situations occuring in this family have the same universal unfolding (in a restricted sense to be defined) among the family of all cubic systems with a centre at the origin and among the family of analytic vector fields on the sphere leaving the equator invariant and having a centre at the origin.

The paper is organized in the following way. In section 2 we give the Poincaré-Lyapunov constants and the conditions for a centre. Section 3 (resp. 4, 5) discusses the system of Kukles with a centre of type I (resp. II, III). A very short appendix recalls how to study the topological type of non-hyperbolic singular points.

例 2.2　论文 [29] 的引言 (原文: Introduction: What is Hilbert's 16th Problem?)

The following is the 16th of 23 problems posed by D. Hilbert at the Second International Congress of Mathematicians, Paris, in 1900, and is still unsolved [Hilbert, 1900].

"16. Problem of the topology of algebraic curves and surfaces.

The maximum number of closed and separate branches which a plane algebraic curve of the nth order can have has been determined by Harnack. There arises the further question as to the relative position of the branches in the plane.

As to curves of the sixth order, I have satisfied myself — by a complicated process, it is true — that of the eleven branches which they can have according to Harhack, by no means all can lie external to one another, but that one branch must exist in whose interior one branch and in whose exterior nine branches lie, or inversely. A thorough investigation of the relative position of the separate branches when their number is the maximum seems to me to be of very great interest, and not less so the corresponding investigation as to the number, form, and position of the sheets of an algebraic surface in space. Till now, indeed, it is not even known what is the maximum number of sheets which a surface of the fourth order in three-dimensional space can really have.

In connection with the purely algebraic problem, I wish to bring forward a question which, it seems to me, may be attached by the same method of continuous variation of coefficients, and whose answer is of corresponding value for the topology of families of curves defined by differential equations. This is the question as to the maximum number and position of Poincaré s boundary cycles (cycles limits) for a differential equation of the first order and degree of the form

$$\frac{dy}{dx} = \frac{Y}{X},$$

where X and Y are rational integral functions of the nth degree in x and y. Written homogeneously, this is

$$X\left(y\frac{dz}{dt} - z\frac{dy}{dt}\right) + Y\left(z\frac{dx}{dt} - x\frac{dz}{dt}\right) + Z\left(x\frac{dy}{dt} - y\frac{dx}{dt}\right) = 0,$$

where X, Y and Z are rational integral homogeneous functions of the nth degree in x, y, z and the latter are to be determined as functions of the parameter t."

Clearly, Hilbert formulated his 16th problem by dividing it into two parts. The first part, which studies the mutual disposition of the maximal number (in the sense of Harnack) of separate branches of an algebraic curve, and also the "corresponding investigation" for nonsingular real algebraic varieties; and the second part, which poses the question of the maximal number and relative position of the limit cycles of the polynomial system

$$\frac{dx}{dt} = P_n(x,y), \quad \frac{dy}{dt} = Q_n(x,y), \tag{E_n}$$

where P_n and Q_n are polynomials of degree n. For this problem, Lloyd [1988] stated that the "striking aspect is that the hypothesis is algebraic, while the conclusion is topological."

Traditionally, the first part of Hilbert's 16th problem is the subject of study for specialists of the real algebraic geometry, while the second part is investigated by the mathematicians of ordinary differential equations and dynamical systems. Hilbert also pointed out that there exist possible connections between these two parts. We shall explain some connections in detail below.

With regard to the second part of Hilbert's 16th problem, Arnold [1977, 1983] posed the weakened Hilbert's 16th problem which will be detailed in Sec. 6. In addition, Smale in his two lectures *Dynamics Restrospective: Great Problem, Attempts That Failed* [Smale, 1991] and *Mathematical Problems for the Next Century* [Smale, 1998] again posed the Hilbert's 16th problem as follows.

"Let $P(x,y)$, $Q(x,y)$ be real polynomials in two variables and consider the differential equation (E_n) in R^2. Is there a bound $K = H(n)$ on the number of limit cycles of the form $K \leqslant n^q$, where n is the maximum of the degree of P and Q, and q is a universal constant?"

Smale stated that "This is a modern version of the second half of Hilbert's sixteenth problem. Except for the Riemann hypothesis, it seems to be the most elusive of Hilbert's problems". Clearly, Smale's problem is only concerned with the half of the second part of Hilber's 16th problem. Of course, this is the important half. We need to notice that Hilbert also asked us to focus on another half of the second part in his 16th problem: suppose that there exists $K = H(n)$ for a given n, what schemes (i.e. relative positions) of limit cycles can be realized for every number $K - i$, $i = 0, 1, \cdots, K - 1$, respectively.

Like the first part of Hilbert's 16th problem where the distribution of ovals is to be considered, the distribution problem of limit cycles can also be very interesting. Coleman [1983] in his survey **Hilbert's 16th problem: How Many**

Cycles? stated that

"For $n > 2$ the maximal number of eyes is not known, nor is it known just which complex patterns of eyes within eyes, or eyes enclosing more than a single critical point, can exist."

Here so-called "eye" means the limit cycle. In recent years, a lot of new progression in this direction has been observed.

In this paper, we first briefly discuss the study results around the first part of Hilbert's 16th problem of which there exist very good surveys and articles: [Gudkov, 1974; Wilson, 1978; Rokhlin, 1978; Viro, 1984, 1986; Oleinik, 1969; Arnold & Oleinik, 1979; Shustin, 1991, 1992; Korchagin, 1996; Polotovskii, 1989; Orevkov, 1999]. We do not intend to attempt to list all references in the area of real algebraic curves. Interested readers should see the above papers and the references cited therein.

We will be mainly interested in the study of the second part of Hilbert's 16th problem. Since "there are wide intersections and interactions between the study of the geometry of polynomial vector fields and the development of bifurcation methods for analytic vector fields" (see [Rousseau, 1993]), we shall focus our attention on the study of bifurcations of limit cycles. Some valuable surveys and books: [Coppel, 1966; Qin, 1982; Chicone & Tian, 1982; Cai, 1989; Ye, 1996; etc.] for quadratic systems; [Coleman, 1983; Lloyd, 1988; Ilyashenko, 1991; Schlomiuk, 1993; Roussarie, 1998; Rousseau, 1993; Yang, 1991; Ye, 1995; etc.] for cubic systems and more general systems.

To our knowledge, there has been no survey article yet that contains the studies for two parts of Hilbert's 16th problem. In this tutorial, we shall try to present recent progress in two directions. However, this paper is not planned as an encyclopedic survey of the subject. Our aim is to only describe some important progress and some aspects of the theory which have attracted our interest, and have been the object of our study along with colleagues, friends and students during the last 20 years. The choice of materials is very much a personal choice.

We shall omit technical details, but we will try to provide the original literatures although we emphasize that we cannot make a complete literature list, because over the last 30 years just for the study of quadratic systems, more than 1000 papers have been published (e.g. see [Reyn, 1994]) and new published papers continuously appear. In this paper, we may fail to include many valuable contributions (for example, the studies of Lienard equations, integrability and invariant algebraic curve solutions, etc.), for this we kindly apologize in advance.

例 2.3　论文 [12] 的引言与主要结果 (原文：Introduction and main result)

As we know, the average method is an important tool to study the periodic solutions of periodic equations with a small parameter. Recently, the method has been developed from smooth differential equations to piecewise smooth differential equations, see [5, 6]. The results obtained for piecewise smooth differential equations concern the existence of multiple periodic solutions, which can be used to find a lower bound for the maximum number of periodic solutions for piecewise smooth differential equations. The results can then be applied to obtain a lower bound for the maximum number of limit cycles for some piecewise smooth systems on the plane by the first order average, see [1,3,4,7,8]. One can apply theorems obtained in [2] to study the maximum number of limit cycles for piecewise smooth near-Hamiltonian systems on the plane.

We note that the averaging theory obtained in [5,6] does not tell any information on upper bound of the maximum number. Then a problem arises: can we obtain the maximum number of periodic solutions or an upper bound of it for piecewise smooth differential equations by the first order average? If the answer is positive, then it can be applied to obtain an upper bound of the maximum number of limit cycles for certain piecewise smooth systems on the plane studied in [1, 4, 7, 8]. In this paper, we study the problem of the maximum number. We first establish the smoothness of bifurcation function for piecewise smooth periodic differential equations. Then based on the smoothness of the bifurcation function we obtain an upper bound of the maximum number of periodic solutions bifurcating from a period annular under some sufficient conditions in the scalar case. To state our main result, we first present our assumptions in the following.

(H1) There exist an open interval J, a positive constant T and $k-1$ C^r functions $h_1(x), \cdots, h_{k-1}(x)$ defined on J, satisfying

$$0 < h_1(x) < \cdots < h_{k-1}(x) < T, \quad x \in J, \quad k \geqslant 2, \quad r \geqslant 1.$$

(H2) Set $h_0(x) = 0$ and $h_k(x) = T$. Introduce k regions as follows

$$D_j = \{(t, x) | \ h_{j-1}(x) \leqslant t < h_j(x), x \in J\}, \quad j = 1, \cdots, k.$$

For all $j = 1, \cdots, k$ there exist $\varepsilon_0 > 0$, k C^r functions $F_j(t, x, \varepsilon, \delta)$ defined for all $(t, x) \in U(\bar{D}_j)$ and $|\varepsilon| < \varepsilon_0$ and $\delta \in V$ with V a compact set of R^n, where $\bar{D}_j$ denotes the closure of the set D_j, and $U(\bar{D}_j)$ an open set containing $\bar{D}_j$.

Clearly

$$[0, T) \times J = \bigcup_{j=1}^{k} D_j.$$

Now we introduce our differential equation of the form

$$\frac{dx}{dt} = \varepsilon F(t, x, \varepsilon, \delta), \quad t \in R, \quad x \in J, \tag{1.1}$$

where $|\varepsilon| < \varepsilon_0$, $\delta \in V$ and the function F satisfies the following conditions.

(H3) F is periodic in t with period T, that is, $F(t + T, x, \varepsilon, \delta) = F(t, x, \varepsilon, \delta)$ for all $t \in R$ and $x \in J$, and satisfies

$$F(t, x, \varepsilon, \delta) = \begin{cases} F_1(t, x, \varepsilon, \delta), & (t, x) \in D_1, \\ F_2(t, x, \varepsilon, \delta), & (t, x) \in D_2, \\ \vdots & \vdots \\ F_k(t, x, \varepsilon, \delta), & (t, x) \in D_k. \end{cases}$$

We can call the equation (1.1) a k-piecewise C^r smooth periodic equation. Note that F may not be continuous on the switch lines $l_1, \cdots, l_{k-1}$, where

$$l_j = \{(t, x) | \ t = h_j(x), x \in J\}, \quad j = 0, \cdots, k.$$

Let

$$f(x, \delta) = \int_0^T F(t, x, 0, \delta) dt = \sum_{j=1}^{k} \int_{h_{j-1}(x)}^{h_j(x)} F_j(t, x, 0, \delta) dt, \quad x \in J. \tag{1.2}$$

It is easy to see that f is a C^r function under the assumptions (H1)-(H3). The main result of the paper can be stated as follows.

Theorem 1.1 *Consider the periodic equation* (1.1)*. Suppose it satisfies the assumptions* (H1)*,* (H2) *and* (H3)*. If there exists an integer m, $1 \leqslant m \leqslant r$, such that the function f defined in* (1.2) *has at most m zeros in $x \in J$ for all $\delta \in V$, multiplicity taken into account, then for any closed interval $I \subset J$, there exists $\varepsilon_1 = \varepsilon_1(I) > 0$, such that for $0 < |\varepsilon| < \varepsilon_1$, $\delta \in V$ the periodic equation* (4.14) *has at most m T-periodic solutions with the property that the range of each of them is a subset of I.*

The conclusion of the theorem 1.1 can be restated simply that the period annular of the unperturbed system

$$\frac{dx}{dt} = 0, \quad x \in J$$

generates at most m periodic solutions by the first order average.

We present a proof to the theorem above in the next section.

3.3　致谢与参考文献

1. 致谢

如果在论文的完成过程中甚至完成前后, 论文作者受到过一些个人 (包括专家、同事、朋友, 以及论文的匿名审稿人等)、团体或机构的启发、支持、帮助或资助, 那么在论文发表时就应该向他们表示感谢, 这就是致谢. 致谢往往放在论文正文的最后. 致谢的英文词是 Acknowledgements(英式) 或 Acknowledgments (美式). 下面列出几例.

例 3.1　文献 [20] 的致谢

作者感谢 Valery Romanovsky 教授提供文献 [7], 以及有益的讨论.

例 3.2　文献 [23] 的致谢 (Acknowledgments)

The authors thank some suggestions of the referee that have improved the present paper. The second author is partially supported by a DGICYT grant number MTM 2005-06098-C02- 02 and by a CICYT grant number 2005SGR 00550, and by DURSI of Government of Catalonia "Distincióde la Generalitat de Catalunya per a la promoció de la recerca universitària." The third author is partially supported by a DGICYT grant number MTM2005-06098-C02-01 and by a CICYT grant number 2005SGR 00550.

例 3.3 文献 [29] 的致谢 (Acknowledgments)

The author would like to thank Professor Leon O. Chua for his invitation and encouragement to write this paper. The author would also like to express his deep gratitude to Professors Li Chenzhi, Zhang Zhifen, LiWeigu, Jing Zhujun, Jaume Llibre, N. G. Lloyd, Shui-Nee Chow, Han Maoan, Zhao Yulin, Zhang Xiang, Wang Duo, Liu Yirong, Sun Jianhua, Zhao Xiaohua, Fang Hui, etc., for their help and support on this work.

例 3.4 文献 [30] 的致谢 (Acknowledgments)

The authors thank the anonymous referee for his/her valuable suggestions, which have greatly helped improving the presentation of this paper. This work is partially supported by Shanghai Gaofeng & Gaoyuan Project for University Academic Program Development. Y. Tian is supported by the National Natural Science Foundation of China (NSFC No. 11501370). M. Han is supported by the National Natural Science Foundation of China (NSFC Nos. 11271261, 11431008).

2. 参考文献

从最初课题的产生到最后论文的完成, 你肯定会阅读一些文献资料, 包括专著、论文等, 这些文献资料与你的论文有某种关系, 例如, 你受到过某文献的启发, 你用到了某文献思路或方法或结论, 你推广或改进了某文献的结果, 这些文献都应该列入你论文的 "参考文献" 里. 文献有多种不同的类型, 比较常见的是正式出版的专著和杂志论文, 其他则有会议论文、网络论文、学位论文、私人通信等.

引用出版的专著和论文, 往往采用下列格式.

专著: 作者, 书名, 出版地: 出版者, 出版年;

论文: 作者, 论文题目, 杂志名, 卷期与年代, 页码.

其他文献的写法可以参照上述格式. 也有的出版社有不同要求. 这里就不给

出具体例子了, 需要特别注意的是所引文献的排序要规范 (一般按照姓氏的字母顺序), 所引文献的格式要统一, 避免前后写法不一. 此外, 所列参考文献在文中都应该提及, 没有提及的文献就应该删除.

读者可参考在第 2 章给出的几篇论文的参考文献, 也可以参考本书的参考文献. 当然, 你的论文想投什么刊物, 就要参考一下那个刊物对参考文献的格式要求.

3.4　投稿信与修改说明

在完成修改工作以后, 论文的所有作者就要商量投什么杂志, 并按照杂志的要求由通讯作者投稿. 这里提醒一下, 切勿同时投寄两个杂志. 大部分杂志目前都有专门的投稿系统, 通过网络投稿. 在投稿时要提交一封 "投稿信" (cover letter). 下面提供一个例子供读者参考.

Dear Editors,

We are submitting a manuscript entitled "The existence of a limit cycle for a Liénard system" for your consideration for publication in the journal "Journal of Differential Equations". In this paper we confirm a conjecture and obtain a new result as well by using a new technique. We would be grateful if the manuscript could be reviewed.

Thank you for your time to deal with our paper. I look forward to receiving comments from the reviewers.

Sincerely yours,

M. Han (on behalf of the co-authors)

编辑部收到稿件后会自动生成一个稿件编号, 并通过邮箱告诉你. 有的杂志在稿件送审之前会有一个初审, 审核一个该稿件是不是符合这个杂志的收稿范围, 如果有关审核专家认为稿件的研究课题不在其杂志的收稿范围, 就会建议编辑部直接退还作者. 遇到这种情况, 就需要改投他刊了. 如果通过初审, 编辑部就邀请两三位合适的专家帮忙审稿了, 并希望专家在两个月内审毕并寄回审稿意见. 然而, 收到邀请的专家可能不接受这个邀请而拒审, 原因可能是工作太忙, 也可能对稿件内容不熟悉. 按国际惯例审稿工作完全是服务性的, 没有任何报酬. 另一方面, 审稿又是很辛苦的工作, 认认真真评审一篇论文会花一整天或几天甚至更长的时间, 主要取决于审稿人对稿件内容的熟悉程度.

一般来说, 投稿数月后会等来杂志编辑部的审稿意见. 如果等了 4、5 个月, 还没有收到审稿意见, 不妨给编辑部写信问问或催催. 下面范例可做参考.

Dear Editors,

I am the corresponding author of the manuscript with the number JDEQ19-1175. It has been more than 4 months since we submitted it for possible publication in your journal. I am writing you to inquire about the status of it. I should greatly appreciate your letting me know the present status of it as soon as possible.

Sincerely yours,

M. Han

当收到编辑部寄回的审稿意见时, 恭喜你 (们), 就有较大可能录用大作了. 此时, 不能掉以轻心, 而应该仔细审阅和琢磨审稿意见, 真正搞明白审稿人的意思, 然后按照审稿意见做认真的修改, 并如期提交修改稿. 在提交修改稿时要写一个修改说明 (response letter to review reports), 其格式如下所述.

Dear Editors and Reviewers,

Thank you very much for reviewing our manuscript with your complimentary comments and suggestions. We have revised the manuscript accordingly. Please find attached a point-by-point response to the reviewers' concerns. We hope that you find our responses satisfactory and that the manuscript is now acceptable for publication.

Sincerely yours,

The Authors

或者

Dear Editors,

We would like to thank the reviewer for careful and thorough reading of this manuscript and for the thoughtful comments and constructive suggestions, which help to improve the quality of this manuscript. We have studied the comments carefully and made major correction which we hope meet with your approval. We offer the following response the reviewer's comments one by one.

(1) **Comment**. When reference [9] is used (in page 2 for example) the name of Prohens is missing. Please check if all the authored names are well identified and cited in the full paper.

Answer. Since Ref. [9] (see page 2) has three authors, we have changed "Coll and Gusall" to "Coll *et al.*". Similarly, in the middle of page 2, we have changed "Chen and Romanovski" to "Chen *et al.*" since this article also has three authors.

(2) **Comment**. In line 2 on page 3, " lienard " should be " Liénard ".

Answer. Changed. Thanks.

在提交修改稿后可能很快就会收到稿件的录用通知, 此时可能再叫你 (们) 做一些简单的修改, 也可能直接录用了, 叫你 (们) 等待、关注稿件的排版稿. 也可能收到第二轮的审稿意见, 并邀请你 (们) 做进一步的修改, 这种情况更要认真修改, 并按要求再写修改说明, 然后期待录用通知. 还有可能收到拒稿信, 但如果你 (们) 认为审稿意见有问题, 可以写信申辩的, 并建议审稿人进一步评审. 这样几经周折以后, 你 (们) 的研究成果终于被录用了, 再等待数日就能够正式发表了.

初战告捷, 值得庆贺, 百尺竿头, 更进一步. 当再接再厉, 开始新的探索、构思新的创作.

3.5　数学论文常用英文词语

本节由三部分组成, 一是列举一些写作英文论文常用的词语, 二是摘录由著名数学家 Morris W. Hirsch, Stephen Smale 和 Robert L. Devaney 合著的英文书 *Differential Equations, Dynamical Systems, and an Introduction to Chaos*([47]) 之第 5 章第 6 节的部分内容, 供读者阅读赏析. 三是列出一些研究生常犯的英语语法错误.

第20讲　引文范例研读及写作要点回顾

3.5.1 常用英文词语

以下内容部分参考了网络与著作 [28].

1. 摘要

In this paper, we focus on the criterion for the stability of limit cycles.

This paper concerns with the number of limit cycles of a class of quadratic systems.

We are concerned in this paper with the number of invariant lines of the system.

There have been extensive study on the periodic solutions of the system above.

We prove in this paper that the zero solution of the system is globally stable.

As an application of our main result, we investigate a system of degree three, obtaining a necessary and sufficient condition for the origin to be stable.

We present a concrete example to show an application of the main result.

2. 正文

In this paper, we shall first briefly introduce invariant values and related concepts.

To begin with we will provide a brief introduction on the background of the problem.

This will be followed by a description of the global behavior of the orbits and a detailed presentation of how the required bifurcation function is defined.

Details on limit sets are discussed in later sections.

The models based on continuous time have taken the advantage of the well-developed theory of dynamical systems with many tools being able to be used.

The methods of studying the global dynamics of the equation have shown useful.

The main purpose of this paper is to give a new method to obtain the maximal number of limit cycles in Hopf bifurcation.

Our goal in this paper is to provide an effective algorithm for focus values.

It should be pointed out that the global behavior of the plane system is still unclear.

The solution behaviors of the two systems are significantly different.

In the next section, after a statement of the basic problem various situations involving periodic perturbations are investigated.

Section 1 defines the notion of Poincaré map, argues for its importance.

Section 2 is devoted to the basic aspects of the solutions.

Section 3 gives the background of the problem which includes the modeling of it.

Section 4 contains a discussion of the implication of the results of sections 2 and 3.

Various ways of justification and the reasons for their choice are discussed very briefly in section 3.

In section 2 we shall list a collection of basic assumptions.

In this section we will provide basic terminologies and notations which are necessary for the understanding of subsequent results.

The next section summarizes the methods on studying limit cycles.

The technique used is to employ a newly developed algorithm.

Our proposed model is verified through experimental study.

This study further shows that some important issues in developing the theory of limit cycles are necessary.

There have been many attempts to find limit cycles.

Equating the corresponding coefficients of Eqs. (1) and (2) gives the following.

Separating the variables and integrating, we have from the above.

Multiplying both sides by K, and adding B to both sides, we obtain the desired equation.

The above methods can be extended to more general cases.

The next theorem, due to the author [1], deals with the case in which the ratio is negative.

We now proceed to prove our main theorem.

We are now turning to the proof of Gronwal's inequality.

An easy induction yields the conclusion.

The remainder of the argument is analogous to that in Theorem 1 and is omitted.

For a rigorous proof of this theorem the reader is referred to [1].

Although the proof is trivial, the result is of major importance.

We have established the existence of a solution, and now we further show its uniqueness.

The proof is divided into four steps.

To prove the theorem, we need several lemmas.

We are now in a position to prove Theorem 1.

The conclusion of the theorem follows immediately from what we have proved.

The proof of the theorem is now complete/finished.

Thus we arrive at the conclusion that there exist at most 5 limit cycles.

Iterative method is much less well known that direct method; nevertheless, there is a great demand for the codes of iterative method.

The structure of the paper is as follows.

This paper is organized as follows.

The present paper is built up as follows.

3. 过渡词、连接词

However, also, as well as, in addition, consequently, afterwards, moreover, furthermore, further, similarly, nevertheless, although, unlike, unfortunately, alternatively, In order to, as an example, therefore, thus, hence, compared with, recently, finally, as a matter of fact, in a word, in general, on the whole, at any rate, in short, in conclusion, indeed, in other words, in summary, to summarize, to sum up, to conclude, on the other hand, combining Lemma A and Theorem B, correspondingly, by means of, with respect to, without loss of generality, in such a case, for simplicity of presentation, roughly speaking, strictly speaking, as a result, as a consequence, as we know, it is well known that, to some extent, on the contrary, of course, instead of, in contrast to, for the sake of, despite, in spite of, because of, whereas.

4. 致谢

The author would like to thank, we are grateful to, the authors wish to express their sincere appreciation to, we are greatly indebted to.

3.5.2　名家佳作赏析

以下英文内容摘自著作 [47] 第 5.6 节, 该节标题是 Genericity (通有性).

We have mentioned several times that "most" matrices have distinct eigenvalues. Our goal in this section is to make this precise. Recall that a set $U \subset \mathbb{R}^n$ is open if whenever $X \in U$ there is an open ball about X contained in U; that is, for some $a > 0$ (depending on X) the open ball about X of radius a,

$$\{Y \in \mathbb{R}^n \mid |Y - X| < a\},$$

is contained in U. Using geometrical language we say that if X belongs to an open set U, any point sufficiently near to X also belongs to U.

Another kind of subset of $\mathbb{R}^n$ is a dense set: $U \subset \mathbb{R}^n$ is dense if there are points in U arbitrarily close to each point in $\mathbb{R}^n$. More precisely, if $X \in \mathbb{R}^n$, then for every $\epsilon > 0$ there exists some $Y \in U$ with $|X - Y| < \epsilon$. Equivalently, U is dense in $\mathbb{R}^n$ if $V \cap U$ is nonempty for every nonempty open set $V \subset \mathbb{R}^n$. For example, the rational numbers form a dense subset of $\mathbb{R}$, as do the irrational numbers. Similarly,

$$\{(x, y) \in \mathbb{R}^2 \mid \text{both } x \text{ and } y \text{ are rational}\}$$

is a dense subset of the plane.

An interesting kind of subset of $\mathbb{R}^n$ is a set that is both open and dense. Such a set U is characterized by the following properties: Every point in the complement of U can be approximated arbitrarily closely by points of U (since U is dense), but no point in U can be approximated arbitrarily closely by points in the complement (because U is open). Here is a simple example of an open and dense subset of $\mathbb{R}^2$:

$$V = \{(x, y) \in \mathbb{R}^2 \big| \ xy \neq 1\}.$$

This, of course, is the complement in $\mathbb{R}^2$ of the hyperbola defined by $xy = 1$. Suppose $(x_0, y_0) \in V$. Then $x_0 y_0 \neq 1$ and if $|x - x_0|$, $|y - y_0|$ are small enough, then $xy \neq 1$; this proves that V is open. Given any $(x_0, y_0) \in \mathbb{R}^2$, we can find (x, y) as close as we like to (x_0, y_0) with $xy \neq 1$; this proves that V is dense.

An open and dense set is a very fat set, as the following proposition shows.

Proposition. *Let $V_1, \cdots, V_m$ be open and dense subsets of $\mathbb{R}^n$. Then*

$$V = V_1 \cap \cdots \cap V_m$$

is also open and dense.

Proof: It can be easily shown that the intersection of a finite number of open sets is open, so V is open. To prove that V is dense let $U \subset \mathbb{R}^n$ be a nonempty open set. Then $U \cap V_1$ is nonempty since V_1 is dense. Because U and V_1 are open, $U \cap V_1$ is also open. Since $U \cap V_1$ is open and nonempty, $(U \cap V_1) \cap V_2$ is nonempty because V_2 is dense. Since V_2 is open, $U \cap V_1 \cap V_2$ is open. Thus $(U \cap V_1 \cap V_2) \cap V_3$ is nonempty, and so on. So $U \cap V$ is nonempty, which proves that V is dense in $\mathbb{R}^n$. $\qquad\square$

We therefore think of a subset of $\mathbb{R}^n$ as being large if this set contains an open and dense subset. To make precise what we mean by "most" matrices, we need to transfer the notion of an open and dense set to the set of all matrices.

Let $L(\mathbb{R}^n)$ denote the set of $n \times n$ matrices, or, equivalently, the set of linear maps of $\mathbb{R}^n$. In order to discuss open and dense sets in $L(\mathbb{R}^n)$, we need to have a notion of how far apart two given matrices in $L(\mathbb{R}^n)$ are. But we can do this by simply writing all of the entries of a matrix as one long vector (in a specified order) and thereby thinking of $L(\mathbb{R}^n)$ as $\mathbb{R}^{n^2}$.

Theorem. *The set M of matrices in $L(\mathbb{R}^n)$ that have n distinct eigenvalues is open and dense in $L(\mathbb{R}^n)$.*

A property P of matrices is a generic property if the set of matrices having property P contains an open and dense set in $L(\mathbb{R}^n)$. Thus a property is generic if it is shared by some open and dense set of matrices (and perhaps other matrices as well). Intuitively speaking, a generic property is one that "almost all" matrices have. Thus, having all distinct eigenvalues is a generic property of $n \times n$ matrices.

文 [47] 在其第 5.6 节给出了上述定理的详细证明, 此处就不再原封不动地引用了, 只给出其证明的主要思路, 请读者给出具体的证明过程.

首先证明集合 M 是稠密的. 思路是这样的. 设矩阵 A 不在 M 中, 其不同的特征值分别为 $\lambda_1, \cdots, \lambda_r$, 重数依次为 $n_1, \cdots, n_r$, $n_1 + \cdots + n_r = n$, $r < n$. 设 J 为 A 的若当规范型 (canonical form), 则任给 $\varepsilon > 0$, 可构造一个矩阵 $\tilde{J}$, 满足下列条件:

(1) 矩阵 $\tilde{J}$ 有 n 个不同的特征值, 其中 n_j 个在 λ_j 的 ε-邻域内, $j = 1, \cdots, r$;

(2) 矩阵 $\tilde{J}$ 在 J 的 ε-邻域内.

再证明集合 M 是开的. 思路是这样的. 任给矩阵 A, 其特征多项式的系数是 A 的元素的多项式 (由行列式的定义), 因此, 当 A 的元素做微小变动时, 其特征多项式的根也相应地做微小改变. 于是, 如果 A 的特征值互不相同, 则 A 的小邻域内的矩阵的特征值也必互不相同.

我们指出, 关于集合 M 是开的结论, 文 [47] 给出的证明仅仅是描述性的, 就像上面所述的那样, 严格的论证应该要利用隐函数定理.

最后, 我们列出几个与定理相关的问题, 请读者思考, 并给出证明.

思考题: 下列每一条性质都定义了 $L(\mathbb{R}^n)$ 的一个集合, 试回答其中哪些集合是开的或稠密的?

(1) $\det A \neq 0$;

(2) $\det A > 0$;

(3) Trace $A \neq 0$;

(4) Trace A 是有理数;

(5) A 没有实特征值.

3.5.3　常见英文语法错误

本小节列出研究生在数学论文写作的过程中经常出现的一些英文语法错误.

1. 单复数

谓语有单复数问题, 例如, There is a constant. There are two constants. There exists a point. There exist infinitely many points. 可数名词也有单复数问题, 例如 Theorem 与 Theorems, Lemma 与 Lemmas, 有些名词的复数形式比较特殊, 不是直接加 s, 例如, matrix 的复数是 matrices, separatrix 的复数是 separatrices.

2. 冠词的使用

在一个句子中泛指一物时用 a 或 an, 特指某物时用 the, 例如 We will provide a proof to the theorem. The proof is unique. 也可以说 We will provide a unique proof to the theorem. 又如, We aim to find an upper bound of the maximum number. 有些物是唯一存在的或者是已经确定的, 因此其前面的冠词要用 the. 例如, the zero vector, the origin, the identity, the integer part of a number, the real part of a complex number, 等等.

3. Let, Suppose 与 Then 的使用

研究生论文中屡次出现的一个问题句型是 "Let $a > 0$, then $b > 0$." 正确的写法是 "Letting $a > 0$, then $b > 0$." 或者 "Let $a > 0$. Then $b > 0$." 有时候可以使用两个并列句, 但两句之间应该有连接词, 例如, Let $a > 0$ and suppose that the condition of the theorem is satisfied.

4. 时态与语态问题

介绍他人过去完成的工作时应该用过去时, 介绍本文工作时应该用现在时. 例如, Two years ago he proved the above theorem. In this paper we give a new proof to it. 在一段话中相邻的两个句子应该用一致的语态 (都用主动或都用被动). 例如, 下面写法是不妥的: Theorem 1 was proved by A, and B proved Theorem 2.

5. Denote by 的使用

词语 Denote by 是固定搭配, 研究生在使用中经常出错, 有时忘了写 by, 有时没有写对位置. 正确的用法如下. Denote by A the average value of the function f over the interval $[0, 1]$. The function has a unique critical point, denoted by B.

6. 从句的使用

在数学英文写作中应该多使用简单句型, 少使用带有从句的复杂句型. 在宾语从句中连接词 that 最好不要省略不写. 例如, Suppose that the function is continuous at $x = 0$. 为体现学术论文的严谨, 该句中的 that 应该出现.

7. 集合的表达

给定正数 a, 大于 a 的实数全体应该写成 $A = \{x|x > a\}$, 建议不要写成 $A = \{x|x > a, a > 0\}$, 因为在后一种写法中, 可能产生 a 也在变动的错觉. 由于 A 依赖于 a, 也可以采用下列写法

$$A_a = \{x|x > a\}, \quad a > 0.$$

8. 误引他人结果

在引用他人结果时叙述别人的某个定理, 但却漏写了使结果成立的条件. 有时候是因为粗心忽视了条件, 有时候是没有看明白别人的结果. 引用某一工具性引理时没有注明这个引理是谁获得的, 只说可在某文献（不是最初获得该引理的）找到这个引理. 有的论文尽管在所引的引理之前说明了它是谁获得的, 但在引理中却没有标出文献号. 这些处理方法都可能对读者产生误导, 也可能会产生二次误导, 对原创者也不公平.

3.6　学术报告的 PPT 制作

我们知道做科学研究离不开学术交流, 同行之间的互访讲学和参加学术讨论会等都是常见的学术交流形式. 那么当你被邀请做学术报告时应该如何准备你的演讲稿呢?

在现代化多媒体电子技术应用广泛的今天, 人们准备演讲稿的形式多为 PPT 格式, 演讲的时间因情况有所不同, 如有 30 分钟、40 分钟或 50 分钟等, 相应的 PPT 一般为 50~70 页. 做学术报告的主要目的是向同行展现自己的研究成果, 并希望引起同行的关注与兴趣. 因此, 演讲稿需要精心制作. PPT 演讲稿的内容基本上与论文的框架类似, 一般包括以下几个方面.

(1) 报告题目、报告人与合作者, 置于 PPT 的首页.

(2) 报告内容的节目, 即各节的标题 (一般包括引言、预备引理、主要结果与证明等), 置于 PPT 的第二页.

(3) 按节展开. 首先是引言. 引言内容主要包括研究背景、研究动机和意义、与研究课题相关的已知结果等. 其次是预备引理. 这里以引理的形式列出将要用到的已知结果或给出新的结果. 再就是主要结果与证明.

(4) 致谢, 置于 PPT 的最后一页.

显然, 上面 (3) 是主体部分. 需要注意的是, 引理与主要结果等都要写清楚、讲清楚, 而它们的证明思路要条理清楚, 但证明细节无需一一给出. 做报告, 重要的是证明思路和关键技巧的表述 (特别是口头表述), 至于证明细节怎么讲、讲多少应当视报告的时间和听众的兴趣而定, 而繁琐复杂的计算过程不宜多讲. 有些人善于演讲, PPT 内容不需要很详细 (可以根据所列的提纲进行现场发挥), 有些人不善于演讲, 就需要准备足够多的 PPT 内容. 我就是这么做的. 此外, 可以充分利用 PPT 形式的优势, 在其页面中可以进行美术加工, 选用喜欢的字体、颜色、插图和动画等. 为了增进演讲效果, 口头表达要清楚, 语速快慢要适当, 演讲时要经常面向听众, 面部表情和语气要温雅谦恭, 并不时有幽默感以及恰当的肢体语言等.

报告结束时总要预留 3~5 分钟的时间, 以便听众提问、评注和讨论等. 有些报告需要把握比较准确的时间, 就需要预先演讲一遍或多遍.

第4章 课题研究方法与论文写作实践

数学的发展主要受两类问题的驱动, 一类来自应用领域, 另一类来自数学本身. 因此发现问题解决问题几乎构成数学的全部.

本章的内容可分为三个方面. 首先, 简述课题选择与研究的方法和本人的研究经历. 其次, 给出三个小课题的研究实例. 最后, 提供十个与常微分方程基本理论有关的研究课题, 作为数学研究与论文写作的一个具体实践.

4.1　课题选择与研究方法

4.1.1　关于课题选择

研究生要完成学业就要完成学位论文, 青年教师要晋升职称要发表论文, 这是基本的科研任务. 这项任务的最初的工作是选择合适的研究课题, 而研究课题有大有小. 课题太大太难了, 很有可能做不出来; 太小太简单了, 学术价值不大或达不到发表要求. 因此, 课题要选得合适, 这样才可以通过不懈的努力

第21讲　课题选择与研究方法

在一段时间内获得有价值的新结果. 下面分三个方面论述与课题选择有关的事项.

1. 了解最新的研究动态

为了开展学术研究, 并且避免与已有的研究工作重复, 就应该了解最新的研究动态, 知道国内外同行广泛关注的问题. 通常有如下三种途径.

(1) 学习、查阅最新出版的有关专著;

(2) 查阅、研读一批最新发表的相关论文;

(3) 参加学术交流活动 (听同行报告、与专家交流).

通过这些途径, 我们可以了解国际前沿研究现状, 积累从事课题研究的理论、方法与工具, 发现有价值的研究课题.

对最新的学术文献, 可能同时有很多同行都在阅读浏览, 学习之后, 会有人受到启发而发现新的研究课题, 也会有人读完了没有发现新问题. 也就是说, 不同的人阅读同一篇论文会产生不同的结果. 这种现象可能与思考问题的习惯、方式、深度以及数学的洞察力有关. 因此, 为了能够发现问题, 就应该有意识地培养好的习惯和提升数学能力.

2. 培养主动学习和思考的习惯

主动学习很重要, 科学理论发展很快, 研究成果层出不穷, 不主动学习就会落伍. 主动学习就是要经常关注最新的专著和论文, 对感兴趣的文献要认真研读、认真总结, 正如文献 [31] 所指出的, 要就问题由来、所用方法和创新之处进行归纳总

结和深层次思考, 写出自己的读后感悟. 读完专著的某一章某一节或读完一篇论文, 主动思考下列问题:

(1) 本文的主要结果、主要方法和主要创新点各是什么?

(2) 本文的方法能否用来解决其他问题?

(3) 本文的结果和方法能否衍生出新的问题?

当然, 要满意地回答这些问题, 可能需要对文献反复研读. 你经历这个过程以后, 你的科研能力就在不知不觉中得以提高. 通过精读论文, 再加上领悟和思考, 积累到一定程度灵感 (新的思想) 就会自发产生, 有时候是意想不到的. 于是, 你的研究课题就随之而出了.

欲要改进或发展已有的工作, 首先要搞懂这些工作的主要思路, 其次往往需要引入新方法. 你可以试着用你自己掌握的不同于别人的方法来获得别人的结果, 如果这一步没有问题, 那么离获得新结果就只有一步之遥了.

一般来说, 科研人员在自己的成长过程中用在思考的时间会越来越多的. 例如, 对本科生来说, 读写的时间往往多于思考的时间; 对研究生来说, 思考的时间与读写的时间几乎相当; 而对从事科学研究的大学教师来说, 思考的时间应多于读写的时间. 因此, 做研究一定要精心阅读适量文献, 深刻领会所学方法, 并通过深入思考, 产生新的思想. 思考是创新之源.

3. 打好坚实的科研基础

无论是读专业文献, 还是听专家报告, 都经常会出现这样的问题: 文献读不懂、报告听不懂. 为什么会出现这样的问题? 答案很简单, 就是掌握的知识不够!

这个问题不足为怪, 因为每个人都有读不懂的文献、听不懂的报告. 活到老学到老就是这个缘故. 但那些没有超出一定范围的文献还是应该看懂的. 为此, 打好基础非常重要, 求学期间所修的一些课程 (主要是基础课和专业课) 一定要学好, 不但要掌握这些课程的基本知识, 更重要的是通过这些课程的学习, 有意识地培养自己的自学能力, 养成良好的思考习惯, 提升发现问题解决问题的能力. 当然, 即使这些课程都学好了, 也不一定能读懂专业文献了, 因为有些专业文献包含很难懂的新知识. 所以, 在学习了基础课和专业课以后, 一定要认真研读一批专业文献, 掌握最新的研究方法, 在此基础上去寻找新的研究课题.

至于怎么学习怎么读书, 有很多名人名言, 例如孔子:"学而时习之, 不亦说乎? ""学而不思则罔."

郑板桥:"读书求精不求多, 非不多也."

华罗庚:"要循序渐进, 读书先薄到厚, 再厚到薄."

我们认为学数学、做数学有三个要素, 即"读、写、思". "读"有两层意思, 一是认真精读教材以及一两本好的参考书, 不留任何疑问; 二是坚持不断地研读最新发表的论文, 其中一部分需要精读, 读懂读透; "写"也有两层意思, 一是在课程学习过程中在课堂上做好记录, 而课下不断总结, 特别是每学完一章, 就要按自己的理解把课本内容总结、梳理一遍, 在正确理解概念和定理的基础上多做一些习题; 二是精读文献之后做好读后笔记, 把要点难点用自己的领会总结出来. 通过不断地做笔记和写总结来提高写作水平; "思"则是在读和写的过程中要善于思考, 思考定理条件之作用, 思考定理结论之含义, 思考定理证明之美妙, 思考定理内容之拓展, 思考新的研究课题, 思考新的研究方法.

综上所述, 为了能够发现合适的研究课题, 你应该打好科研基础、坚持研读最新文献、主动积累善于思考, 使自己发现问题解决问题的能力不断提高.

4.1.2 关于课题研究

华罗庚先生在《数学通报》(1979 年第 1 期) 论述了数学研究, 提出了做研究工作的四种境界, 即

(1) 依葫芦画瓢地模仿;

(2) 利用成法解决几个新问题;

(3) 创造方法, 解决问题;

(4) 开辟方向.

有很多人的研究始于第一境界, 多数大学生的毕业论文也处在第一境界, 而研究生的研究工作应该达到第二境界或第三境界, 大部分的专家教授应该达到第三或第四境界, 当然达到第四境界的人必定是充满活力和独创性的.

人们常说, 细节决定成败, 就是说细节很重要. 其实, 最重要的不是细节, 乃是思想. 一旦确立了研究课题, 马上就要设定研究目标, 即要搞清楚解决什么问题, 达到什么目的. 据此来设计研究思路, 即要用心思考用什么方案解决问题. 在解决问题的过程中可能需要尝试多种方法, 也要引入新的方法.

研究过程就是在"总体思路"的引导下通过若干步骤来解决问题. 课题研究

的全局把握可能会经历以下几个过程.

(1) 搞清楚解决这个问题可能需要的一些基础方法和工具, 新老方法并用, 重要的是: 分析对路、灵活运用.

(2) 遇到困难, 查阅相关文献, 领会相关方法, 寻求突破.

(3) 困难一时难以解决, 先放一放, 等候时机.

(4) 遇到自己难以克服的困难, 寻求帮助和合作.

(5) 有时候解决一个问题需要趁热打铁、一气呵成. 有些新想法在你脑海中闪现时就要当即写下来, 否则有可能再也想不起来了.

有很多研究课题, 当你想到它时, 其研究方法也同时有了. 但尽管如此, 在推导证明过程中往往需要引进新的技巧, 特别是处理疑难环节时. 有时, 问题如期望的那样比较顺利地解决; 有时, 会费不少周折; 也有时, 在处理问题时遇到难以解决的困难. 在遇到无法解决的困难时, 我们可以想法降低难度, 绕过障碍, 获得能够得到的结果. 有些研究课题, 尽管想到了, 但不知道用什么方法解决它, 这就需要先建立新的理论. 这样的研究课题有可能导致新的学科分支出现. 有些研究课题一时难以解决可以先放一放. 可能过一段时间会有新的思路出来, 可能在阅读别人的文献时发现他的方法可以用来克服你的困难, 可能你在公园散步时突然产生灵感, 也可能你在与其他专家随意交谈中受到启发. 科学难题多的是, 古今中外都有. 因此, 研究课题时遇到困难是完全正常的, 甚至做不出来也是可以理解的. 但由于数学是逻辑推理的学问, 我们在解决问题时不可以想当然, 不可以把几何直观当做论证, 更不可以出现推理或计算上的错误. 所以论文初稿写成后一定要反复阅读和核查, 每一次阅读都要做认真的修改. 有的研究课题需要跟他人合作完成. 每个人的能力有限, 掌握的理论和方法也有限. 你在课题研究中遇到的困难有时需要用到别人擅长的方法才能解决, 而你又一时不想或没有精力去掌握别人的方法时, 就可以邀请别人加入, 共同解决你的难题. 解决一个问题往往会有若干步骤, 但其关键步骤往往不过是一两个, 如果你在关键步骤走不通了, 不妨去了解一下同类问题是否出现于相关课题, 别人又是如何处理的, 有时候会有意想不到的收获.

当你解决了想要解决的问题, 达到了你的研究目的, 就要把解决问题的整个过程整理出来, 写成一篇完整的论文, 这又是一项很艰巨的工作: 论文写作. 在第 3 章我们介绍了论文的写作格式, 在第 1 章我们讲到写作有三个基本原则, 即

(1) 结构合理、条理清楚;

(2) 推导无误、论证严密;

(3) 叙述严谨、语句通顺.

请一定要牢记在心这三点基本原则, 并落实在写作的全部过程中. 在 3.2 节, 我们已经说过, 这里再重复一下: 论文是写给别人看的, 一定要把自己懂的过程写得清清楚楚、明明白白, 使得读者能够看懂, 而且在阅读过程中得到享受. 有时候可能自以为写清楚了, 其实可能离这三点基本原则还相差甚远, 因此, 论文成稿后需要反反复复地修改. 有时候修改几遍之后可以先放一段时间, 再看再改, 这时候可能有的地方你也看不懂了, 这就说明你没有写清楚, 那就再改吧.

这里, 我们引用文献 [32] 中的一段话来结束本段: "在激烈的竞争中求生存、求发展, 第一靠实力, 而实力需要逐日逐日地拼搏, 如同运动员的训练. 其次靠效率, 大家拥有的时间一样多, 只有高效率才可能超过别人. 所有一切都来自心中的理想, 心中有颗红太阳, 必然活得有朝气. 有了远大抱负, 自可有超常毅力, 自可超脱诸多世俗. 实现理想的主要措施之一应当是周密的计划, 它既设计未来, 又鞭策我们每天进取, 实在是必不可缺."

4.1.3 课题选择与研究经历举例

这里列举一些我个人课题选择与研究的经历. 我是 "文化大革命" 后恢复高考的第一批大学生, 因此, 我的大学同学年龄不一, 相差十几岁. 我所在的班级叫做数学 77 班, 大学的第一学期是补习初等数学, 然后才开始学习数学分析、高等代数等. 数学分析的任课老师是张孝令老师, 给我们上课足足有一年半. 高等代数的任课老师是袁云耀老师, 给我们上了一年课, 之后又给我们上了半年的实变函数. 虽然我的大学是普通高校, 但我们的任课老师都很优秀, 特别是他们上课都很认真, 深得同学们的喜欢和爱戴.

引领我进入常微分方程研究之路的是周毓荣老师. 还在读大学时, 周老师给我看了一篇英文论文和东北师范大学黄启昌教授的一篇论文, 都是关于一类二阶微分方程周期解问题的. 那时我已经学了常微分方程课程, 基本能看懂. 记得, 我在周老师的鼓励下曾给黄启昌教授写信向他请教问题, 他很热心回信给予指导. 读完这两篇论文之后, 我试着做了一点推广工作, 周老师认为还有点新意, 就指导我整理成了一篇小论文. 后来, 我到南京大学读研究生, 我的硕士生导师是叶彦谦和何崇佑两位老师. 何老师又对这篇小论文提出了修改意见. 在导师叶彦谦教授和何崇佑教授的建议下, 这篇论文投到南京大学学报, 并于 1985 年刊出.

叶彦谦教授是国内微分方程定性理论的开拓者, 他早在 1965 年就出版专著《极限环论》, 在 1984 年又再版, 1986 年美国数学会又翻译成英文在美国出版. 叶先生在 1983 年给我们主讲极限环论这门课时, 用的是他的手抄本. 他提前让我们自学, 然后讲得很快, 我学这门课花了很多时间和精力, 也取得了较好的学习效果. 我的硕士论文由三篇独立的小论文组成, 其中一篇是关于一类二次系统在二阶细焦点外围极限环的唯一性的. 极限环的存在唯一性是微分方程定性理论的一个重要研究领域, 北京大学的张芷芬教授在二十世纪 50 年代就有重要贡献 (关于 Liénard 方程极限环的唯一性, 被国内外学者称为张芷芬唯一性定理). 当时我注意到曾宪武教授在《中国科学》发表了一篇论文, 获得了有关 Liénard 方程极限环唯一性的新结果, 我就尝试应用这个新结果来研究二次系统极限环的唯一性, 获得新结果, 论文于 1985 年在《数学年刊》发表.

二次系统都可以经过变量变换转化成 Liénard 方程的形式, 而关于 Liénard 方程的研究主要是极限环的存在性、不存在性、唯一性等, 而研究极限环的存在性的关键是构造一个环域 (一般是正向不变的区域), 为了构造环域的外边界, 一种方法是在一定条件下证明所有解都是正向有界的. 读博士期间, 我研读了多篇这类论文, 当时我曾思考研究无界解的存在性, 给出了无界解存在的充分条件, 又用这些结果研究二次系统的有界性, 获得了二次系统一切解正向有界的充分必要条件. 这些结果就构成了我博士论文的一部分. 另一部分内容是关于一维微分同胚可嵌入连续流的条件以及曲面动力系统周期解个数和环面动力系统旋转数性质的研究.

我的硕士学位论文和博士学位论文都属于微分方程定性理论领域, 读硕士时我的导师叶彦谦先生曾邀请美国著名教授 Jack Hale 来南京大学讲授他和周修义先生刚刚完成 (当时还没有出版)的专著 *Methods of Bifurcation Theory*, 历时 2 个月, 国内有 20 多位老师也来学习. 这应该是国内最早接触分支理论研究的学习班. 我当时对分支理论只有非常初步的了解. 博士毕业时导师叶先生建议我关注分支理论研究, 特别是同宿轨的分支问题.

参加工作后, 我一边工作, 一边研读周修义和 Jack Hale 的专著, 这本书内容很多, 起点较高, 涉及泛函分析、复分析、常微分方程、偏微分方程等多门学科的知识, 我只能读懂一部分, 我就把能够读懂的部分认真读透. 在读的同时又产生了想写一本分支理论著作的想法, 后来经过五年多的努力, 完成了专著《微分方程分支理论》大部分内容, 我又邀请了华东师范大学朱德明教授 (我的研究生同学) 写了其中一章, 该书于 1994 年由煤炭工业出版社出版. 在读周修义和 Jack Hale 的专著时我对同宿轨的存在性、稳定性和产生极限环的问题很感兴趣, 这些问题出自余维二分支的研究 (包括所谓的 Bogdanov-Takens 分支), 又有独立研究价值, 我就把这个问题抽象出来加以专门研究, 获得了平面系统同宿轨产生极限环的唯一性与唯二性等, 之后又将获得的一般结果应用到余维二分支问题的研究.

这时发现周修义和 Jack Hale 的专著中对同宿轨产生极限环的唯一性没有给出证明, 又查阅了其他文献, 发现凡是涉及 Bogdanov-Takens 分支中同宿轨产生极限环的唯一性问题在现有英文文献中都没有给予完整的论证. 我与罗定军教授和朱德明教授有三篇论文于 1992 年在《数学学报》发表, 分别研究同宿轨、双同宿轨和异宿轨产生极限环的问题, 作为应用获得了 Bogdanov-Takens 分支中同宿轨产生极限环的唯一性 (国外文献包括 Bogdanov 的原文, 均忽视了对这个结论的证明).

后来, 我又对其他几类余维二分支中异宿轨产生极限环的唯一性给予严格处理. 我在研读法国数学家 R. Roussarie 在 1986 年发表的关于同宿分支的论文时也发现了不严密之处, 后来我补充了证明细节, 又引申到对异宿分支的研究, 所得结果于 1993 年在《中国科学》发表. 而对 Bogdanov-Takens 分支详细且严密的论证参见文献 [11]. 在 Hopf 分支的研究中, 获得极限环的方法是改变焦点的稳定性, 这几乎是众所周知的. 我曾思考能不能把这个思想方法用于同宿轨的研究, 即同宿轨是不是也可以改变稳定性产生极限环, 要解决这个问题就要研究同宿轨的稳定性判别, 然后再来控制它的稳定性. 这个思路又导致一系列论文的问世.

在 2013 年, 我和博士生杨俊敏、熊艳琴一起又把这个方法用于研究异宿环的扰动分支, 给出了发现 "意外极限环" (alien limit cycle) 的新方法, 特别发现几类新型的意外环, 它们是不能利用常用的 Melnikov 函数来得到的. 发现意外极限环的最早的论文应该是我跟张芷芬先生于 1999 年合作发表在杂志 *J. Differential Equations* 的论文, 但意外极限环这个说法则是后来其他人给出的.

做数学研究, 总是希望不断有成果出来, 就要不断思考研究课题, 一般有两个途径来发现新课题, 一是扩展研究领域, 一是进行更深入的研究. 我在 1994 年就思考如何扩展研究方向, 想到研究平面周期系统, 这类系统会出现更加复杂的动力学性态, 例如不变环面与混沌等, 我分别研究了细焦点、单重极限环和二重极限环在周期扰动下的分支问题, 给出了不变环面存在的条件, 研究了不变环面上周期轨道的类型等等, 之后又研究了平面系统的闭轨族在周期扰动下不变环面的分支问题, 特别作为应用获得了三维与四维系统高余维分支中不变环面的存在唯一性. 在 1993—1997 年间先后有 4 篇论文在《中国科学》发表 (部分工作与叶彦谦教授、朱德明教授合作).

我还曾想把研究领域扩展到泛函微分方程, 在研读有关泛函微分方程理论的专著时, 我注意到用定性理论研究一类时滞微分方程的 Kaplan-Yorke 方法. 尽管泛函微分方程的一般理论比较难懂, 但由 J. Kaplan 和 J. Yorke 建立的这个方法很好懂, 我试着做了一点推广, 有关结果在 1995 年发表 (国际会议论文集). 后来, 我又引入小参数, 用 Kaplan-Yorke 方法研究几类时滞微分方程的周期解分支问题, 发表了几篇论文, 其中一文给出了一类时滞微分方程产生 Hopf 分支和鞍结点分支的条件, 所得结果于 2003 年发表在杂志 *J. Differential Equations* 上. 在 2016 年, 我邀请广州大学庾建设教授来上海师范大学访问讲学, 他对泛函微分方程有很深入的研究. 受他工作报告的启发, 我又在泛函微分方程的多个周期解分支方面获得一些结果.

用动力系统方法可以研究微分方程的奇异摄动问题, 我和研究生一起也对平面的和三维的奇异摄动方程开展了一些研究, 特别发现了半稳定极限环在奇异扰动之下可以产生二维环面这一新现象 (有关工作与研究生丁玮、邢业朋、刘宣亮、叶志勇等合作).

Hilbert 第 16 问题的后半部分是关于多项式系统极限环的个数与分布的, 这个问题非常之难, 100 多年来一直未较圆满解决, 但数学家们围绕这个问题开展了许许多多的研究, 大大促进了微分方程定性理论与分支理论的发展. 与这个世界难题相关的是所谓的弱化的 Hilbert 第 16 问题, 即研究近哈密顿多项式系统的极限环个数和其 Abel 积分 (又称 Melnikov 函数) 的零点个数. 这个问题也是很难的问题, 也没有圆满解决. 研究这个问题的主要工具是 Melnikov 函数, 我们可以通过研究这个函数的根的个数来获得极限环个数的信息. 尽管这个函数有个表达式, 但积分往往求不出来, 使得研究困难重重. 这个函数的定义域是一个开区间, 但在很多情况下可以通过取极限, 将其定义域扩充到闭区间. 闭区间的端点对应于中心奇点或含有鞍点、尖点等的同宿环或异宿环.

在 2000 年我在 *J. Math. Anal. Appl.* 发文研究 Melnikov 函数在初等中心处

的光滑性, 并利用其泰勒展式来研究极限环的分支问题. 之后, 我又把研究展开式的思想应用到幂零中心的情况以及含有幂零尖点和退化鞍点的同宿轨、双同宿轨的情况, 获得了这个函数的展开式, 建立了研究极限环分支的新方法 (有关工作与博士生吴玉海、李伟年、宋永利、毕平、张同华、臧红、江娇、杨俊敏、田云等合作完成). 光滑近哈密顿系统的 Melnikov 函数都是连续的, 而且在任何有界的区间上也是有界的, 但光滑的近可积系统就不同了, 因为相应未扰系统可能有无界的积分因子, 而这类积分因子会导致无界的 Melnikov 函数出现 (有关工作是与博士后安玉莲、博士生梁峰、熊艳琴、李娜和王言芹等合作的). 最近我们研究了一类可逆系统 (又称反转系统) 的扰动分支, 给出了这类系统的 Melnikov 函数在同宿环、异宿环附近的展开式, 尽管函数无界, 但有其自身的规律, 利用所得结果证明了二次系统在三角形异宿环的小邻域内可以出现三个极限环 (有的工作与肖冬梅教授等合作). 在这方面发表了一系列的论文, 其中有 6 篇论文先后发表在 J. Differential Equations 上.

做研究需要经常关注最新进展, 特别需要经常查阅相关文献. 我曾研读过李继彬教授及其合作者的一些论文, 有些工作是受他论文的启发而完成的. 1995 年他有一篇论文研究一类任意高次数的多项式系统极限环的个数, 他的论文又是受英国教授 Lloyd 等人在 1993 发表的一篇论文的启发而做的, 并纠正了 Lloyd 等论文的错误. 我是通过李继彬教授于 2003 年发表的综述论文才知道这些结果的.

Lloyd 的论文讨论了一类次数可以任意高的特殊多项式系统极限环的下界 (与多项式次数有关), 而李继彬教授的论文讨论了另一类次数可以任意高的特殊多项式系统极限环的下界. 我看了他们的论文, 认真理解他们的方法, 并思考这样的问题: 能不能对所有的次数可以任意高的一般多项式系统给出极限环的下界. 通过引入新的构造方法和扰动技巧, 较好地解决了问题, 与李继彬教授合作于 2012 年在 J. Differential Equations 刊发了所得结果, 我们给出了任意 n 次多项式系统极限环的下界 (依赖于 n), 这是目前为止最大的下界. 稍后, 我与博士研究生熊艳琴 (已于 2016 年毕业到南京信息工程大学工作) 一起把 Lloyd 的方法发展到 Lienard 型多项式系统 (论文于 2014 年在 J. Differential Equations 发表), 获得了极限环个数的下界, 给出了极限环个数与系统次数的关系.

多项式系统的 Hopf 分支是研究焦点或中心奇点邻域内极限环的个数, 这里涉及很复杂的公式推算, 是人工不能及的, 必须通过编程借助于电脑来完成一些工作. 我对编程与计算均不擅长. 在 2002 年我到加拿大参加国际学术会议, 认识了会议的主要组织者郁培教授, 他是应用数学专家, 尤其擅长程序编写与符号计算. 从那时起直到今天, 我们进行了长达 20 年之久的科研合作, 我几乎每年都邀请他来上海 (前 5 年在上海交通大学, 之后在上海师范大学) 一个月或两个月不等, 我们在平面多项式系统极限环的分支、高维系统周期轨道的分支等联合发表几十篇论文. 2003 年经叶彦谦先生介绍和建议, 我邀请 Valery Romanovsky 博士访问上海 (上海交通大学), 他的导师是苏联著名数学家 Cherkas, 他们都对微分方程定性理论有深入研究. 也是从那之后我几乎每年都邀请 Valery Romanovsky 教授访问上海一个月或两个月, 迄今我们已合作发表十几篇论文. 20 年来, 我们与 Alabama 大学的李佳教授和黄文璋教授也保持长期的合作与交流, 联合发表了多篇论文.

我们的国际交流与合作是双向开展的, 我们不但请进来, 还走出去, 我的研究团队 (包括我的研究生和博士后等) 先后访问美国、加拿大、欧洲等有 50 多人次, 有的研究生毕业工作以后继续与郁培教授和 Valery Romanovsky 开展合作和互访.

近十年来, 我关注和开展非光滑系统的研究, 其实早在 1988 年就有这方面的专著, 之后也有多本专著, 专注非光滑系统的定性理论. 非光滑系统研究源于物理学、力学、化学、工程技术等许多应用科学领域的数学模型, 经过数学家的努力逐步形成了一个新的学科方向. 尽管国外已经出版多本非光滑系统的专著, 但内容并不是很系统和完整, 而且主要是介绍定性理论方法和数值分析方法. 我们在光滑系统的定性理论和分支理论方面已有许多研究, 并在研究方法上形成了若干特色. 于是, 我就思考如何把我们的研究方法引入到非光滑系统的研究中. 西班牙学派较早开展平面分段光滑系统的 Hopf 分支, 但他们有一个限制：只考虑较特殊的扰动使得位于原点的焦点始终保持不动, 我们就考虑更一般的情况, 即加上常数项扰动, 探讨焦点附近的分支现象, 所得结果于 2010 年发表在 *J. Differential Equations* 杂志 (与张伟年教授合作). 我们还建立了平面非光滑系统的 Melnikov 函数的表达式, 然后利用这个函数的表达式来研究极限环的各种分支问题, 我们引入了一些新概念, 例如左系统、右系统、广义中心、广义同宿轨等, 定义了广义同宿轨的稳定性, 研究了这些同宿轨的稳定性判别 (与张祥教授、Valery Romanovsky 教授以及博士生刘霞、梁峰、刘媛媛等合作).

十多年前我们还研究过脉冲微分方程与时标动力系统的性质, 与夏永辉、胡召平等合作过多篇论文.

近期, 我们建立了有限光滑的平面系统的分支理论 (与张祥教授和博士生盛丽鹃合作), 丰富了高维非光滑系统的 Melnikov 函数方法和非光滑周期微分方程的平均法理论 (与李继彬教授以及博士生田焕欢、刘姗姗等合作). 在利用 Melnikov 函数方法研究极限环的个数估计方面, 我与博士后陈小艳、博士生龚淑华、蔡梅兰、可爱、刘文叶等也改进了前人的工作. 最近, 与合作者杨俊敏等一起在极限环同宿异宿分支方面又获得新进展.

从教 30 多年来我先后讲授过数学分析、常微分方程、线性系统、线性代数、点集拓扑等本科生课程, 以及微分方程定性理论、极限环论、极限环分支理论、动力系统引论等研究生课程, 我刚参加工作时就主讲数学分析和极限环, 虽然教这些课很花时间, 但每教一遍我都有新的收获. 近几十年来, 我始终坚持讲授的是本科生的数学分析、常微分方程与研究生的微分方程定性理论、极限环分支理论. 在教学过程中不断积累, 出版了十几部著作. 近十年来, 我因材施教, 并不断钻研教学方法, 先是对研究生课程进行教学改革, 采用了课前自学、课堂答疑这种先学后教的教学模式. 这种教学模式对老师也是个挑战, 因为作为老师, 应当对教材有全面且透彻的理解.

我对研究生采用这种教学模式的一个不小的收获是发表了三篇有学术价值的研究生层面的教学研究论文 [16, 33, 34], 发现了中心与焦点判定问题中经典的 Poincaré 方法的不足, 并给予补充, 探讨了焦点、极限环的重数和稳定性在变换之下的不变性, 证明了平面 C^k 系统在初等焦点处的 Poincaré 映射是 C^k 的, 利用微分方程基本定理给出了隐函数定理的新证明. 这里有些问题以前视为显然, 只知道它们成立, 但并没有深究它们成立的理由. 通过这些教学论文的写作, 对数学的知识有了进一步的理解.

最近几年, 我又把对研究生的教学改革措施引入本科生教学中, 先后对数学分析与常微分方程课程施行先学后教的模式. 为了获得良好的教学效果, 我专门给本科生编写了学习指导书《数学分析基本问题与注释》[6] 与《常微分方程基本问题与注释》[14], 以引导、激励他们自学, 激发他们的学习兴趣, 帮助他们更好地理解课本内容、提升创新数学思维能力. 在这样的教学和指导书的编写过程中, 我对教材内容也有了更深的理解, 并发表多篇教学论文 [14, 15, 16, 18, 19], 其中有两篇论文弥补了国内数学分析教材在处理指数函数、对数函数与幂函数的性质和常微分方程教材处理延拓定理的证明中存在的不足. 其实, 弥补这些不足并不难,难的是发现它们.

我们常说的 "学问" 二字太有道理了, 这两个字组合在一起是真有学问, 也就是说做学问不能光学不问, 一定要边学边问, 重在学而贵在问. 读任何文献不要一味地接受, 而要敢于质疑, 敢于提出不一样的思路, 这样才可能发现前人没发现的问题, 解决前人未解决的问题.

除了日常的数学教学和研究, 我还做一些数学学术性的社会服务工作, 即在 2002 年在上海交通大学工作时创刊了国际数学杂志 *Communication on Pure and Applied Analysis*, 经过三年多的努力, 这个杂志进入 SCI 行列. 后来在 2011 年又在上海师范大学创刊了国际数学杂志 *Journal of Applied Analysis and Computation*, 也在三年后的 2014 年成为 SCI 杂志. 于 2019 年又在浙江师范大学创刊了第三本国际数学杂志 *Journal of Nonlinear Modeling and Analysis*. 该杂志于 2022 年 6 月被全球最大文献检索机构之一的 Scopus 数据库列入收录名单.

此外, 2009 年起我与李继彬教授和庾建设教授联合发起每年在国内举办一次大型的动力系统与应用最新进展国际会议, 为国内外专家同行和青年学者搭建学术交流平台. 我们三人均为大会组织委员会主席, 轮流负责组织这个国际性的系列会议, 已成为在国内外有较广泛影响的学术活动.

至今, 我指导的博士后、博士和硕士研究生已超过 100 人, 我从他们身上也学习到很多, 他们大部分人事业成功, 其中一部分人非常优秀. 这就是我坚持努力工作的动力.

4.2　课题研究之例

在这一节, 我们给出三个课题研究实例, 基本上是按照第 3 章阐述的论文的写作格式来进行, 由于这些课题的研究内容比较简短, 所引用的参考文献就不专门列出来, 而是把它们放在正文之中 (出现在用到它们的地方).

第22讲　以《一类线性微分方程的渐近性质》为例讲述如何选题和完成论文

4.2.1　一类线性微分方程的渐近性质

摘要　本文利用常数变易法和洛必达法则等研究一类二阶常系数线性微分

方程解的渐近性质, 获得了该方程一切解正向有界或正向极限存在的充分条件.

1. 引言

在《常微分方程》(韩茂安等, 高等教育出版社, 2011) 第 3 章 3.2 节有这样一个习题: "设在方程 $x'' + 3x' + 2x = f(t)$ 中, $f(t)$ 在 $[a, +\infty)$ 上连续, 且 $\lim\limits_{t \to +\infty} f(t) = 0$. 试证明所述方程的任一解 $x(t)$ 均满足 $\lim\limits_{t \to +\infty} x(t) = 0$." 解答该题的主要思路是利用常数变易公式和洛必达法则. 受此习题的启发, 我们研究一般形式的二阶常系数线性非齐次微分方程

$$x'' + px' + qx = f(t), \tag{4.1}$$

其中 p, q 为实常数, $f(t)$ 为一定义于 $[0, +\infty)$ 上的连续函数. 我们针对相应的二阶线性齐次方程特征值的多种不同情况, 分别给出方程 (4.1) 的解正向有界或正向存在有限极限的充分条件. 换句话说, 我们获得了函数 $f(t)$ 所满足的条件, 使得方程 (4.1) 的所有解都是正向有界或正向存在有限极限.

2. 主要结果与证明

我们在大学里学过常微分方程, 由这门课程中线性微分方程理论知, 如果 $x_1(t)$ 与 $x_2(t)$ 为线性齐次方程 $x'' + px' + qx = 0$ 的两个线性无关解, 则非齐次方程 (4.1) 有下列形式的特解:

$$\tilde{x}(t) = x_1(t) \int_{t_0}^{t} \frac{-x_2(s)}{W(s)} f(s) ds + x_2(t) \int_{t_0}^{t} \frac{x_1(s)}{W(s)} f(s) ds, \quad t_0 \geqslant 0, \tag{4.2}$$

其中 $W(t) = x_1(t) x_2'(t) - x_2(t) x_1'(t)$. 上述公式可以利用常数变易法直接证之, 或将它直接代入方程来验证.

现设 λ_1 与 λ_2 为二次方程 $\lambda^2 + p\lambda + q = 0$ 的两个根 (称它们为相应的线性微分方程的特征值). 我们知道, 如果 λ_1 与 λ_2 均为实数, 且不相等, 则相应的齐次微分方程有线性无关解 $e^{\lambda_1 t}$ 与 $e^{\lambda_2 t}$, 如果 $\lambda_1 = \lambda_2 = \lambda$, 则相应的齐次微分方程有线性无关解 $e^{\lambda t}$ 与 $te^{\lambda t}$, 如果特征值是一对共轭复根 $\alpha \pm i\beta$, 则线性无关解的实数解具有形式 $e^{\alpha t} \sin(\beta t)$ 与 $e^{\alpha t} \cos(\beta t)$. 于是, 应用公式 (4.2) 可得下列引理.

引理 2.1 考虑二阶常系数线性微分方程 (4.1). 下列三个结论成立:

(1) 若特征值是两个互异的实数 λ_1 与 λ_2, 则方程 (4.1) 有特解

$$\bar{x}(t) = \frac{1}{\lambda_1 - \lambda_2} \int_0^t f(s) [e^{\lambda_1 (t-s)} - e^{\lambda_2 (t-s)}] ds.$$

(2) 若特征值是一个二重根 λ, 则方程 (4.1) 有特解

$$\bar{x}(t) = \int_0^t (t-s)f(s)e^{\lambda(t-s)}ds.$$

(3) 若特征值是一对共轭复根 $\alpha \pm \mathrm{i}\beta$, 则方程 (4.1) 有特解

$$\bar{x}(t) = \frac{1}{\beta}\int_0^t f(s)e^{\alpha(t-s)}\sin[\beta(t-s)]ds.$$

证明　由于类似性, 今以结论 (1) 为例证之. 令 $x_j(t) = e^{\lambda_j t}$, $j = 1, 2$, 由假设知 $x_1(t)$ 与 $x_2(t)$ 为齐次方程 $x'' + px' + qx = 0$ 的两个线性无关解. 注意到

$$W(t) = x_1(t)x_2'(t) - x_2(t)x_1'(t) = (\lambda_2 - \lambda_1)e^{(\lambda_1+\lambda_2)t},$$

于是利用公式 (4.2), 并取 $t_0 = 0$, 即知结论成立. 证毕.

利用引理 2.1 的结论 (1) 可证

定理 2.1　考虑二阶常系数线性微分方程 (4.1). 假设特征值是两个互异的负实数 λ_1 与 λ_2, 那么

(1) 如果 $f(t)$ 在 $0 \leqslant t < +\infty$ 上有界, 则方程 (4.1) 的所有解都在 $0 \leqslant t < +\infty$ 上有界;

(2) 如果当 $t \to +\infty$ 时 $f(t) \to b$, $b \in \mathbf{R}$, 则方程 (4.1) 的所有解当 $t \to +\infty$ 时都趋于 $\dfrac{b}{\lambda_1\lambda_2}$.

证明　设 $f(t)$ 在 $0 \leqslant t < +\infty$ 上有界, 则存在正常数 $M > 0$, 使对 $t \geqslant 0$ 有 $|f(t)| \leqslant M$. 方程 (4.1) 的通解具有形式

$$x(t) = C_1 e^{\lambda_1 t} + C_2 e^{\lambda_2 t} + \bar{x}(t),$$

其中 λ_1 与 λ_2 为两个互异的特征值,

$$\bar{x}(t) = \frac{1}{\lambda_1 - \lambda_2}\int_0^t f(s)[e^{\lambda_1(t-s)} - e^{\lambda_2(t-s)}]ds. \tag{4.3}$$

由于 λ_1 与 λ_2 均为负, 利用上式知, 对 $t \geqslant 0$ 有

$$|x(t)| \leqslant |C_1| + |C_2| + \frac{M}{|\lambda_1 - \lambda_2|}\left(\frac{1}{|\lambda_1|}(1 - e^{\lambda_1 t}) + \frac{1}{|\lambda_2|}(1 - e^{\lambda_2 t})\right).$$

这表明 $x(t)$ 对 $t \geqslant 0$ 有界. 结论 (1) 得证. 为证结论 (2), 设当 $t \to +\infty$ 时 $f(t) \to b$, $b \in \mathbf{R}$. 先考虑 $b = 0$ 的情况. 此时, 我们只需证明 $t \to +\infty$ 时 $\bar{x}(t) \to 0$.

事实上, 由 (4.3) 式知,

$$|\bar{x}(t)| \leqslant \frac{1}{|\lambda_1 - \lambda_2|}\left[\frac{g_1(t)}{e^{-\lambda_1 t}} + \frac{g_2(t)}{e^{-\lambda_2 t}}\right],$$

其中

$$g_j(t) = \int_0^t |f(s)|e^{-\lambda_j s}ds, \quad j = 1, 2.$$

注意到 g_j 为严格增函数, 那么如果它有界, 显然有 $\dfrac{g_j(t)}{e^{-\lambda_j t}} \to 0$(当 $t \to +\infty$ 时). 如果它无界则它趋于 $+\infty$, 故应用洛必达法则知

$$\lim_{t \to +\infty} \frac{g_j(t)}{e^{-\lambda_j t}} = \lim_{t \to +\infty} \frac{|f(t)|e^{-\lambda_j t}}{-\lambda_j e^{-\lambda_j t}} = \frac{1}{-\lambda_j}\lim_{t \to +\infty}|f(t)| = 0.$$

当 $b \neq 0$ 时, 令 $f_0(t) = f(t) - b$, 则

$$\lim_{t \to +\infty} f_0(t) = 0, \quad f(t) = b + f_0(t).$$

由 (4.3) 式知

$$\bar{x}(t) = x_0(t) + x_1(t),$$

其中

$$x_0(t) = \frac{1}{\lambda_1 - \lambda_2}\int_0^t f_0(s)[e^{\lambda_1(t-s)} - e^{\lambda_2(t-s)}]ds,$$

$$x_1(t) = \frac{1}{\lambda_1 - \lambda_2}\int_0^t b[e^{\lambda_1(t-s)} - e^{\lambda_2(t-s)}]ds.$$

由前面对 $b = 0$ 的得到的结论知 $x_0(t) \to 0$(当 $t \to +\infty$ 时), 而 $x_1(t)$ 是可以直接计算的, 即

$$x_1(t) = \frac{b}{\lambda_1 - \lambda_2}\left[\frac{1}{-\lambda_1}(1 - e^{\lambda_1 t}) + \frac{1}{\lambda_2}(1 - e^{\lambda_2 t})\right] \to \frac{b}{\lambda_1 \lambda_2}.$$

由此即得结论 (2). 定理证毕.

定理 2.2 考虑方程 (4.1). 假设两个特征值一个是零, 一个是负实数, 那么

(1) 如果 $f(t)$ 与 $\displaystyle\int_0^t f(s)ds$ 均在 $0 \leqslant t < +\infty$ 上有界, 则方程 (4.1) 的所有解都在 $0 \leqslant t < +\infty$ 上有界;

(2) 如果当 $t \to +\infty$ 时 $f(t)$ 与 $\displaystyle\int_0^t f(s)ds$ 均有有限极限, 则方程 (4.1) 的所有解当 $t \to +\infty$ 时都有有限极限.

事实上, 设两个特征值为 $\lambda_1 < 0$ 与 $\lambda_2 = 0$, 则此时 (4.3) 式成为

$$\bar{x}(t) = \frac{1}{\lambda_1} \int_0^t f(s) e^{\lambda_1(t-s)} ds - \frac{1}{\lambda_1} \int_0^t f(s) ds.$$

由上式及定理 2.1 的证明即知定理 2.2 的结论成立.

定理 2.3　考虑微分方程 (4.1). 假设该方程有一个二重的特征值 (记为 λ), 且为负实数, 那么

(1) 如果 $f(t)$ 在 $0 \leqslant t < +\infty$ 上有界, 则方程 (4.1) 的所有解都在 $0 \leqslant t < +\infty$ 上有界;

(2) 如果当 $t \to +\infty$ 时 $f(t) \to b, b \in \mathbf{R}$, 则方程 (4.1) 的所有解当 $t \to +\infty$ 时都趋于 $\dfrac{b}{\lambda^2}$.

证明　由引理 2.1 知, 在所设条件之下, 方程 (4.1) 的通解为

$$x(t) = (C_1 + C_2 t) e^{\lambda t} + \bar{x}(t),$$

其中

$$\bar{x}(t) = \int_0^t (t-s) f(s) e^{\lambda(t-s)} ds.$$

引入函数

$$\bar{\varphi}(t) = \int_0^t (t-s) e^{\lambda(t-s)} ds.$$

利用分部积分法易知

$$\bar{\varphi}(t) = \int_0^t s e^{\lambda s} ds = \frac{1}{\lambda} t e^{\lambda t} - \frac{1}{\lambda^2} [e^{\lambda t} - 1].$$

由上式即知当 $t \to +\infty$ 时有 $\bar{\varphi}(t) \to \dfrac{1}{\lambda^2}$. 因此, 易见如果函数 $f(t)$ 在 $[0, +\infty)$ 上有界, 则特解 $\bar{x}(t)$ 也在 $[0, +\infty)$ 上有界, 从而方程 (4.1) 的一切解都在 $[0, +\infty)$ 上有界. 即得结论 (1).

下证结论 (2). 设当 $t \to +\infty$ 时 $f(t) \to b$. 同前, 引入函数 $f_0(t) = f(t) - b$. 则当 $t \to +\infty$ 时 $f_0(t) \to 0$. 我们有

$$\bar{x}(t) = \varphi_0(t) + b\bar{\varphi}(t), \quad \varphi_0(t) = \int_0^t (t-s) f_0(s) e^{\lambda(t-s)} ds.$$

因为已证当 $t \to +\infty$ 时有 $\bar{\varphi}(t) \to \dfrac{1}{\lambda^2}$, 又

$$|\varphi_0(t)| \leqslant \int_0^t (t-s)|f_0(s)| e^{\lambda(t-s)} ds \equiv \psi(t),$$

故为证结论 (2) 只需证明当 $t \to +\infty$ 时有 $\psi(t) \to 0$. 我们有

$$\psi(t) = \frac{\psi_0(t)}{e^{-\lambda t}}, \quad \psi_0(t) = \int_0^t (t-s)|f_0(s)|e^{-\lambda s}ds.$$

由于

$$\psi_0'(t) = \int_0^t |f_0(s)|e^{-\lambda s}ds > 0,$$

故函数 ψ_0 是严格增加的. 如果 ψ_0 是有界的, 则显然有 $\psi(t) \to 0$(当 $t \to +\infty$ 时), 如果它无界, 则利用洛必达法则可知

$$\lim_{t\to+\infty}\psi(t) = \lim_{t\to+\infty}\frac{\psi_0(t)}{e^{-\lambda t}} = \lim_{t\to+\infty}\frac{\int_0^t |f_0(s)|e^{-\lambda s}ds}{-\lambda e^{-\lambda t}} = \lim_{t\to+\infty}\frac{|f_0(t)|e^{-\lambda t}}{\lambda^2 e^{-\lambda t}} = 0.$$

即为所证. 证毕.

下面考虑特征值为一对共轭复数的情况.

定理 2.4 考虑方程 (4.1). 假设特征值是一对共轭复根 $\alpha \pm i\beta$, 且 $\alpha < 0$, 那么

(1) 如果 $f(t)$ 在 $0 \leqslant t < +\infty$ 上有界, 则方程 (4.1) 的所有解都在 $0 \leqslant t < +\infty$ 上有界;

(2) 如果当 $t \to +\infty$ 时 $f(t) \to b$, 则方程 (4.1) 的所有解当 $t \to +\infty$ 时都趋于 $\dfrac{b}{\alpha^2 + \beta^2}$.

这一定理有两种证法, 我们只给出证明思路. 一是参照定理 2.1 的证明, 因为当

$$\lambda_j = \alpha + (-1)^j i\beta, \quad j = 1,2$$

时引理 2.1 的结论 (1) 仍成立 (此时 $\bar{x}(t)$ 为方程 (4.1) 的复值解). 只要注意到

$$e^{\lambda_j t} = e^{\alpha t}(\cos(\beta t) + (-1)^j i\sin(\beta t)), \quad |e^{\lambda_j t}| = e^{\alpha t}, \quad \lambda_1\lambda_2 = \alpha^2 + \beta^2,$$

对定理 2.1 的证明稍作修正就可以完成定理 2.4 的证明.

另一种证法是利用引理 2.1 的结论 (3). 首先, 假设函数 $f(t)$ 有界, 由定理 2.1 的证明易见特解 $\bar{x}(t)$ 有界, 从而方程 (4.1) 的一切解都有界. 其次, 假设当 $t \to +\infty$ 时 $f(t) \to b$, 同前, 将函数 $f(t)$ 写为 $f(t) = b + f_0(t)$, 则有前面的证明知当 $t \to +\infty$ 时

$$\bar{\varphi}_0(t) = \frac{1}{\beta}\int_0^t f_0(s)e^{\alpha(t-s)}\sin[\beta(t-s)]ds \to 0.$$

进一步, 令

$$\bar{\psi}(t) = \frac{b}{\beta} \int_0^t e^{\alpha(t-s)} \sin[\beta(t-s)]ds = \frac{b}{\beta} \int_0^t e^{\alpha s} \sin(\beta s)ds,$$

只需证当 $t \to +\infty$ 时 $\bar{\psi}(t) \to \dfrac{b}{\alpha^2 + \beta^2}$.

事实上, 利用分部积分法可得

$$\int_0^t e^{\alpha s} \sin(\beta s)ds = \frac{1}{\beta}\Big[(1 - e^{\alpha t}\cos(\beta t)) - \alpha \int_0^t e^{\alpha s}\cos(\beta s)ds\Big],$$

$$\int_0^t e^{\alpha s} \cos(\beta s)ds = \frac{1}{\beta}\Big[e^{\alpha t}\sin(\beta t) - \alpha \int_0^t e^{\alpha s}\sin(\beta s)ds\Big].$$

由上述两式即得

$$(\alpha^2 + \beta^2)\int_0^t e^{\alpha s}\sin(\beta s)ds = \beta + e^{\alpha t}(\alpha\sin(\beta t) - \beta\cos(\beta t)).$$

故有当 $t \to +\infty$ 时 $\bar{\psi}(t) \to \dfrac{b}{\alpha^2 + \beta^2}$. 即为所证.

上面的四个定理改进了文献 [14] 第 3 章总结与思考中的四个命题.

4.2.2   一类有限光滑函数之标准形及其应用

摘要   本文研究一类有限光滑二元函数的标准形, 作为这个标准形的一个应用获得了一类曲线积分 (Melnikov 函数) 的渐近展开式. 这个函数是研究平面微分方程方程极限环分支的重要工具.

1. 引言

在第 1 章 1.4 节, 我们研究了一类无穷次光滑函数的标准形, 特别地, 如果函数 $H(x,y)$ 是原点某邻域内的无穷次光滑函数, 且满足

$$H(x,y) = x^2 + y^2 + \sum_{i+j\geqslant 3} h_{ij}x^i y^j,$$

则存在 C^∞ 变量变换 $u = \varphi(x)$, $v = \psi(x,y)$, 使得 $H(x,y) = u^2 + v^2$. 进一步, 我们应用这个结论证明了下列曲线积分:

$$M(h) = \oint_{H(x,y)=h} Q(x,y)dx - P(x,y)dy$$

在 $h = 0$ 是无穷次可微的, 其中 P 与 Q 为在原点的小邻域内有定义的 C^∞ 函数, $h > 0$ 适当小, 而曲线积分沿顺时针求积.

现在我们要对有限光滑的函数 $H(x, y)$, 研究其标准形和相关的变量变换的光滑性. 然后, 我们应用所得结果研究上述曲线积分 $M(h)$ 的光滑性, 特别是研究该函数在 $h = 0$ 的解析性质.

下面的内容分为两部分. 首先, 我们证明两个预备引理, 其次给出主要结果及其证明.

2. 预备引理

这里给出两个引理, 它们在下面给出的主要结果之证明中要用到.

引理 2.2 设 $p(x)$ 与 $q(x)$ 为定义于某内含 $x = 0$ 的开区间 I 上的连续函数, 且满足

(a) $p(x) = xq(x)$;

(b) 对一切 $0 \neq x \in I$ 有 $q(x) \in C^k$, 而在 $x = 0$ 有 $q(x) \in C^{k-1}$(即 q 的 $k - 1$ 阶导数在 $x = 0$ 连续), 其中 $k \geqslant 1$.

则在区间 I 上有 $p(x) \in C^k$ 当且仅当 $xq^{(k)}(x) \to 0 \ (x \to 0)$, 这里 $q^{(k)}$ 表示函数 q 的 k 阶导数.

证明 首先, 利用关系式 $p(x) = xq(x)$, 对 j 应用数学归纳法易证

$$p^{(j)}(x) = jq^{(j-1)}(x) + xq^{(j)}(x), \quad 1 \leqslant j \leqslant k, \quad x \neq 0. \tag{4.4}$$

现在证明必要性. 设 $p(x) \in C^k$. 作为预备, 我们利用归纳法先证下式:

$$p^{(j)}(0) = jq^{(j-1)}(0), \quad 1 \leqslant j \leqslant k. \tag{4.5}$$

事实上, 对 $j = 1$, 由 $p(x) = xq(x)$ 知

$$p'(0) = \lim_{x \to 0} \frac{p(x)}{x} = \lim_{x \to 0} q(x) = q(0).$$

且对 $1 \leqslant j \leqslant m - 1$ 成立 $p^{(j)}(0) = jq^{(j-1)}(0)$. 则对 $j = m \leqslant k$, 由 (4.4) 式可得

$$p^{(m)}(0) = \lim_{x \to 0} \frac{p^{(m-1)}(x) - p^{(m-1)}(0)}{x}$$

$$= \lim_{x \to 0} \frac{(m-1)q^{(m-2)}(x) + xq^{(m-1)}(x) - (m-1)q^{(m-2)}(0)}{x}$$

$$= (m-1) \lim_{x \to 0} \frac{q^{(m-2)}(x) - q^{(m-2)}(0)}{x} + q^{(m-1)}(0)$$

$$= mq^{(m-1)}(0).$$

于是(4.5)式得证.

在 (4.4) 式和 (4.5) 式中取 $j = k$, 可得

$$\lim_{x \to 0} xq^{(k)}(x) = p^{(k)}(0) - kq^{(k-1)}(0) = 0.$$

即得必要性.

再证充分性. 设 $xq^{(k)}(x) \to 0 \ (x \to 0)$. 由假设知 $p(x) \in C^k$ (对 $x \neq 0$), 而 $p^{(k-1)}(x)$ 存在且在 $x = 0$ 连续. 往证在 $x = 0$ 必有 $p(x) \in C^k$.

当 $k = 1$ 时由 $p(x) = xq(x)$ 可知

$$p'(0) = \lim_{x \to 0} \frac{p(x)}{x} = q(0),$$

$$p'(x) = q(x) + xq'(x), \quad x \neq 0,$$

其中 $xq'(x) \to 0 (x \to 0)$. 于是

$$\lim_{x \to 0} p'(x) = q(0) + \lim_{x \to 0} xq'(x) = q(0) = p'(0).$$

因此, $p \in C^1$. 设 $k \geqslant 2$. 由 (4.4) 式我们有 $p^{(k-1)}(0) = (k-1)q^{(k-2)}(0)$, 以及

$$p^{(k)}(0) = \lim_{x \to 0} \frac{p^{(k-1)}(x) - p^{(k-1)}(0)}{x}$$

$$= \lim_{x \to 0} \frac{(k-1)q^{(k-2)}(x) + xq^{(k-1)}(x) - (k-1)q^{(k-2)}(0)}{x}$$

$$= (k-1) \lim_{x \to 0} \frac{q^{(k-2)}(x) - q^{(k-2)}(0)}{x} + q^{(k-1)}(0)$$

$$= kq^{(k-1)}(0).$$

由此及 (4.4)式和所做假设, 可得

$$\lim_{x \to 0} p^{(k)}(x) = \lim_{x \to 0} \left(kq^{(k-1)}(x) + xq^{(k)}(x)\right) = kq^{(k-1)}(0) = p^{(k)}(0).$$

这表明 p 在 $x = 0$ 是 C^k 的. 充分性得证. 引理证毕.

引理 2.3 设 $H_1(x)$, $H_2(x)$ 与 $q(x)$ 为定义于某开区间 I 的连续函数, 且 $x = 0 \in I$. 如果

(a) $H_1(x) = xH_2(x)$, $q(x) = \sqrt{H_2(x)}$, $H_2(x) > 0$;

(b) $H_1(x) \in C^k$, $x \in I$, $k \geqslant 1$.

则 $xq(x) \in C^k$, $x \in I$.

证明 由假设知当 $x \in I$ 且 $x \neq 0$ 时有 $H_2(x) \in C^k$. 由第 1 章的例 3.1 知在 $x = 0$ 处有 $H_2(x) \in C^{k-1}$.

由于 $H_2(0) > 0$, 故函数 $q(x) = \sqrt{H_2(x)}$ 在 I 上连续, 且对 $x \neq 0$ 为 C^k 的, 而在 $x = 0$ 为 C^{k-1} 的. 因为 $H_1 \in C^k$, 由前面的引理 2.2, 可知

$$xH_2^{(k)}(x) \to 0 \quad (x \to 0).$$

于是由 $H_2(x) = q^2(x)$, 我们有

$$H_2^{(k)}(x) = \sum_{i=1}^{k-1} \frac{k!}{i!(k-i)!} q^{(i)}(x) q^{(k-i)}(x) + 2q(x)q^{(k)}(x).$$

上式两端都乘以 x, 再令 $x \to 0$, 可得

$$2q(0) \lim_{x \to 0} xq^{(k)}(x) = \lim_{x \to 0} xH_2^{(k)}(x) = 0.$$

注意到 $q(0) > 0$, 再由引理 2.2 即得结论. 引理证毕.

3. 主要结果与证明

我们在这一小节给出两个定理, 一个是关于一类有限光滑函数的标准形定理, 一个是关于由一类曲线积分定义的函数之渐近展开定理. 后一定理又可认为是前一个定理的应用. 首先证明

定理 2.5 设有二元函数 $H(x, y)$, 定义于原点的某邻域内, 又设存在自然数 $k \geqslant 1$, 使得函数 H 在该邻域内为 C^{k+2} 的, 且成立

$$H(x, y) = x^2 + y^2 + o(x^2 + y^2). \tag{4.6}$$

则存在原点的邻域 U 及定义于 U 上的 C^k 类变量变换 $u = f(x)$, $v = g(x, y)$, 且 $f(0) = g(0, 0) = 0$, $f'(0) > 0$, $g_y(0, 0) > 0$, 使得 $H(x, y) = u^2 + v^2$.

证明　首先考虑函数方程 $H_y(x,y) = 0$, 由隐函数定理知, 该方程在原点的某邻域内关于 y 有唯一解 $y = \varphi(x)$, 且 $\varphi \in C^{k+1}$, $\varphi(x) = O(x^2)$. 引入新变量 $z = y - \varphi(x)$, 则

$$H(x,y) = H(x, z + \varphi(x)) \equiv \bar{H}(x, z).$$

易见 $\bar{H}$ 满足

$$\bar{H}(x,0) = H(x, \varphi(x)) = x^2 + o(x^2), \quad \frac{\partial \bar{H}}{\partial z}(x,0) = 0, \quad \frac{\partial^2 \bar{H}}{\partial z^2}(0,0) = 2.$$

因此, 对函数 $\bar{H}$ 利用二阶泰勒公式 (第 1 章例 3.1), 由(4.6)式可得

$$\bar{H}(x,z) = xH_1(x) + z^2 R(x,z),$$

其中 $H_1(x) = xH_2(x)$, $H_2(0) = 1$, $R(0,0) = 1$. 注意到 $\bar{H}(x,0)$ 为 C^{k+1}, 可知 $H_1 \in C^k$, $H_2 \in C^{k-1}$. 又从例 3.1 的证明过程可以发现

$$\begin{aligned}
R(x,z) &= \int_0^1 \frac{\partial^2 \bar{H}}{\partial z^2}(x, tz)(1-t)dt \\
&= \int_0^1 \frac{\partial^2 H}{\partial y^2}(x, tz + \varphi(x))(1-t)dt.
\end{aligned}$$

由含参量积分的性质 (第 1 章引理 3.3) 可知, 函数 $R(x,z)$ 为 C^k 的.

于是, 令 $f(x) = x\sqrt{H_2(x)}$, $g(x,z) = z\sqrt{R(x,z)}$, 则由上面的引理 2.3 知函数 f 为 C^k 类的, 又显然函数 g 也是 C^k 类的. 现在我们引入变量变换 $u = f(x)$, $v = g(x,z)$, 则有 $H(x,y) = H_1(x,z) = u^2 + v^2$. 即为所证.

现在, 我们引入曲线积分

$$M(h) = \oint_{H(x,y)=h} Q(x,y)dx - P(x,y)dy, \tag{4.7}$$

并证明

定理 2.6　设有二元函数 $H(x,y)$, $P(x,y)$ 与 $Q(x,y)$, 均定义于原点的某邻域内, 又设存在自然数 $k \geqslant 1$, 使得在该邻域内函数 H 为 C^{k+2} 的且满足(4.6), 而 $P(x,y)$ 与 $Q(x,y)$ 为 C^k 的, 则存在 $h_0 > 0$, 使得由(4.7)式定义的函数 $M(h)$ 对 $0 < h < h_0$ 为 C^{k-1} 的, 而在 $h = 0$ 为 $C^{[k/2]}$ 的, 且有展开式

$$M(h) = \sum_{j=1}^{[k/2]} \bar{b}_j h^j + o(h^{[k/2]}),$$

其中 $[k/2]$ 表示实数 $k/2$ 的整数部分.

证明　由定理 2.5, 存在局部 C^k 变换 $u = f(x)$, $v = g(x,y)$, 使得 $H(x,y) = u^2 + v^2$, 于是存在 $(u,v) = (0,0)$ 的邻域 U 及 $h_0 > 0$ 使得

$$M(h) = \oint_{u^2+v^2=h} \bar{Q}(u,v)du - \bar{P}(u,v)dv, \quad 0 \leqslant h < h_0,$$

其中 $\bar{P}(u,v)$, $\bar{Q}(u,v) \in C^{k-1}(U)$. 注意到曲线积分的定向是顺时针方向, 对一切 $h \in [0, h_0)$ 成立

$$M(h) = -\sqrt{h} \int_0^{2\pi} \left[\bar{Q}(\sqrt{h}\cos\theta, -\sqrt{h}\sin\theta)\sin\theta - \bar{P}(\sqrt{h}\cos\theta, -\sqrt{h}\sin\theta)\cos\theta \right] d\theta. \tag{4.8}$$

引入函数 $\bar{N}(r)$ 如下:

$$\bar{N}(r) = -\int_0^{2\pi} \left[\bar{Q}(r\cos\theta, -r\sin\theta)\sin\theta - \bar{P}(r\cos\theta, -r\sin\theta)\cos\theta \right] d\theta.$$

由含参量积分定理知, 函数 $\bar{N}(r)$ 对 $|r| < \sqrt{h_0}$ 为 C^{k-1} 的. 从而由泰勒公式可得展开式

$$\bar{N}(r) = \sum_{j=0}^{k-2} b_{j+1}r^j + r^{k-1}R(r),$$

其中函数 R 在 $r = 0$ 为连续的, 而对 $0 < |r| < \sqrt{h_0}$ 为 C^{k-1} 的. 于是

$$r\bar{N}(r) = \sum_{j=1}^{k-1} b_j r^j + r^k R(r).$$

利用三角函数的性质易见 $r\bar{N}(r)$ 是 r 的偶函数, 故

$$M(h) = \sum_{j=1}^{l} \bar{b}_j h^j + h^{k/2}S(h), \quad S(h) = R(\sqrt{h}), \quad l = [(k-1)/2].$$

下面我们分 k 为偶数与奇数两种情况来讨论函数 M 在 $h = 0$ 的光滑性.

先设 k 为偶数, 则有 $k = 2l+2$, $h^{k/2}S(h) = h^{l+1}S(h)$. 我们要证 M 在 $h = 0$ 为 C^{l+1} 的, 只要证明当 $h \to 0$ 时有

$$(h^{l+1}S(h))^{(m)} \to 0, \quad 1 \leqslant m \leqslant l; \ (h^{l+1}S(h))^{(l+1)} \to (l+1)!R(0). \tag{4.9}$$

事实上, 在第 1 章例 4.3 中, 我们已经证明了下述等式:

$$S^{(m)}(h) = \sum_{j=1}^{m} A_{mj}R^{(m+1-j)}(\sqrt{h})h^{-\frac{j+m-1}{2}}, \quad m \geqslant 1,$$

$$(h^{l+1} \cdot S(h))^{(p)} = \sum_{m=0}^{p} B_{mp} S^{(m)}(h) h^{l+1+m-p},$$

其中 A_{mj}, B_{mp} 为常数, 且 $B_{0p} = (l+1)\cdots(l-p+2)$. 于是

$$(h^{l+1} \cdot S(h))^{(p)} = B_{0p} h^{l+1-p} S(h) + \sum_{m=1}^{p}\sum_{j=1}^{m} B_{mp} A_{mj} R^{(m+1-j)}(\sqrt{h}) h^{\frac{m-j+3+2(l-p)}{2}},$$

由此即知(4.9)式成立.

再设 k 为奇数, 则 $k = 2l+1, l \geqslant 0$. 要证 M 在 $h=0$ 为 C^l 的. 不妨设 $l \geqslant 1$. 注意到

$$h^{k/2}S(h) = h^l S_1(h), \quad S_1(h) = \sqrt{h}R(\sqrt{h}) = R_1(\sqrt{h}),$$

由上面的导数公式可知, 对 $1 \leqslant p \leqslant l$ 成立

$$(h^l \cdot S_1(h))^{(p)} = B_{0p} h^{l-p} S_1(h) + \sum_{m=1}^{p}\sum_{j=1}^{m} B_{mp} A_{mj} R_1^{(m+1-j)}(\sqrt{h}) h^{\frac{m-j+1+2(l-p)}{2}},$$

因此, 对 $1 \leqslant p \leqslant l$, 当 $h \to 0$ 时有 $(h^l \cdot S_1(h))^{(p)} \to 0$. 故 $M(h)$ 的 l 阶导数存在且连续. 定理证毕.

上面引理 2.2 与引理 2.3 均取自文献 [8]. 事实上, 文献 [8] 在定理 2.6 的条件下证明了函数 $M(h)$ 对 $0 < h < h_0$ 为 C^k 的, 而在 $h=0$ 为 $C^{[(k+1)/2]}$ 的. 这里得到的结果不如文献 [8] 那么好, 但上面给出的证明方法比较简单初等和易懂.

4.2.3　关于一个积分中值定理的更正

摘要　本文指出论文 " An extension of the mean value theorem for integrals"(P. Khalili & D. Vasiliu, International Journal of Mathematical Education in Science and Technology, 41: 5(2010), 707-710) 中给出的一个积分中值定理的结论和证明都不正确, 并对这个定理予以更正, 对有关问题进行进一步的研究.

第23讲　以《关于一个积分中值定理的更正》为例讲述如何选题

1. 引言

在一元函数的微积分学中, 积分中值定理占有重要地位, 因而对经典的积分中值定理不断有各种各样的推广与发展. 作者 P. Khalili 与 D. Vasiliu 在他们的论文 " An extension of the mean value theorem for integrals"(International Journal of Mathematical Education in Science and Technology, 41: 5(2010), 707-710) 给出了一个新型的积分中值定理. 下面是原文中给出的这个定理的内容和证明.

Theorem A *Let f and g be two nonnegative continuous functions on the interval $[a, b]$ and $\lambda \in (0, 1)$.*

(i) *There exists a $c \in (a, b)$ such that*

$$\int_a^b f(x)g(x)dx = \lambda f(c) \int_a^b g(x)dx + (1 - \lambda)g(c) \int_a^b f(x)dx.$$

(ii) *Assume that the functions f and g are differentiable at a and $f'(a)g(a) \neq 0$ or $f(a)g'(a) \neq 0$. For any $x \in (a, b)$ there exists $c_{\lambda,x} \in (a, x)$ such that*

$$\int_a^x f(t)g(t)dt = \lambda f(c_{\lambda,x}) \int_a^x g(t)dt + (1 - \lambda)g(c_{\lambda,x}) \int_a^x f(t)dt$$

and also we have

$$\lim_{x \to a} \frac{c_{\lambda,x} - a}{x - a} = \frac{1}{2}$$

for every $\lambda \in (0, 1)$ (except possibly one value). Note that when $g(x) \equiv c$ constant and $\lambda = 1$ then (i) is just the mean value theorem for integrals.

Proof (i) Let us define

$$h(t) = \lambda f(t) \int_a^b g(x)dx + (1 - \lambda)g(t) \int_a^b f(x)dx.$$

Since f and g are continuous on $[a, b]$, there exist constants $M_i, m_i, i = 1, 2$ such that $m_1 \leqslant f(x) \leqslant M_1$ and $m_2 \leqslant g(x) \leqslant M_2$. Then we have the following estimates

$$(b - a)m_1 m_2 \leqslant h(t) \leqslant (b - a)M_1 M_2, \tag{4.10}$$

$$(b - a)m_1 m_2 \leqslant \int_a^b f(x)g(x)dx \leqslant (b - a)M_1 M_2. \tag{4.11}$$

From (4.10) and (4.11) and the intermediate value theorem there exists a $c \in (a, b)$ such that $h(c) = \int_a^b f(x)g(x)dx$.

(ii) By (i) we have that there exists $c_{\lambda,x} \in (a, x)$ such that

$$\int_a^x f(t)g(t)dt = \lambda f(c_{\lambda,x}) \int_a^x g(t)dt + (1 - \lambda)g(c_{\lambda,x}) \int_a^x f(t)dt.$$

Let $\epsilon_1(x) = \dfrac{f(x) - f(a)}{x - a}$ and $\epsilon_2(x) = \dfrac{g(x) - g(a)}{x - a}$. If we plug in $c_{\lambda,x}$ for x in $\epsilon_1(x)$ and multiply by $\lambda \displaystyle\int_a^x g(t)dt$ we obtain

$$\lambda f(c_{\lambda,x}) \int_a^x g(t)dt - \lambda f(a) \int_a^x g(t)dt = \lambda \epsilon_1(c_{\lambda,x})(c_{\lambda,x} - a) \int_a^x g(t)dt. \quad (4.12)$$

In an analogous way, working on $\epsilon_2(x)$, we get

$$(1-\lambda)g(c_{\lambda,x}) \int_a^x f(t)dt - (1-\lambda)g(a) \int_a^x f(t)dt = (1-\lambda)\epsilon_2(c_{\lambda,x})(c_{\lambda,x}-a) \int_a^x f(t)dt. \quad (4.13)$$

Adding up Equations (4.12) and (4.13), we obtain

$$\int_a^x f(t)g(t)dt - \lambda f(a) \int_a^x g(t)dt - (1 - \lambda)g(a) \int_a^x f(t)dt$$
$$= (c_{\lambda,x} - a) \left(\lambda \epsilon_1(c_{\lambda,x}) \int_a^x g(t)dt + (1 - \lambda)\epsilon_2(c_{\lambda,x}) \int_a^x f(t)dt \right).$$

We divide both sides by $(x - a)^2$ and take the limit $x \to a$. Applying L'Hopital's rule we obtain

$$\frac{1}{2}(\lambda f'(a)g(a) + (1 - \lambda)f(a)g'(a))$$
$$= (\lambda f'(a)g(a) + (1 - \lambda)f(a)g'(a)) \left(\lim_{x \to a} \frac{c_{\lambda,x} - a}{x - a} \right).$$

Thus

$$\lim_{x \to a} \frac{c_{\lambda,x} - a}{x - a} = \frac{1}{2},$$

of course, for choosing λ such that $\lambda f'(a)g(a) + (1 - \lambda)f(a)g'(a) \neq 0$.

　　我们看了上述的证明, 有没有发现什么问题啊? (4.11)式下面的一句话是否成立?

　　不难发现, 这句话未必成立. 因为介值定理的条件可能不满足. 事实上, 只有当函数 $h(t)$ 以 $(b-a)m_1m_2$ 为最小值, 同时又以 $(b-a)M_1M_2$ 为最大值时那句话才成立. 因此, 上面给出的定理的证明是有问题的. 那么, 定理的结论是不是成立呢? 这有两种可能, 一种可能是定理本身没有问题, 那就需要给出一个新证明; 另一种可能是定理本身不成立, 这需要举出一个反例.

2. 一个反例

根据经验, 我们判断上述定理 A 的结论 (i) 是不对的. 于是, 很自然地就产生下列新问题:

(1) 如何构造反例?

(2) 需要补充什么条件, 才能保证定理 1 之结论 (i) 成立呢?

(3) 当 $x - a > 0$ 充分小时结论 (i) 何时成立? 如何进一步研究与结论 (ii) 相关的结论?

这一小节我们先来探讨第一个问题. 下一小节再研究后两个问题.

构造函数 f 与 g 如下:

$$f(x) = 4x^2 - 4x + 1, \quad g(x) = x - x^2, \quad x \in [0,1].$$

用 f_M, g_M 分别表示函数 f 与 g 在 $[0,1]$ 上最大值, 而 f_m, g_m 分别表示函数 f 与 g 在 $[0,1]$ 上最小值.

那么这两个函数有下述特点:

1) 在 $[0,1]$ 上均非负;

2) $f_m = f(1/2)$, $g_M = g(1/2)$, $f_M = f(0)$, $g_m = g(0)$, 即当 f 取到最小值 (最大值) 时, g 取到最大值 (最小值).

令

$$h(x) = \lambda f(x) \int_0^1 g(x)dx + (1 - \lambda)g(x) \int_0^1 f(x)dx.$$

易求出

$$\int_0^1 f(x)dx = \frac{1}{3}, \quad \int_0^1 g(x)dx = \frac{1}{6}, \quad \int_0^1 f(x)g(x)dx = \frac{1}{30},$$

以及

$$h(x) = \frac{3\lambda - 1}{3}x^2 + \frac{1 - 3\lambda}{3}x + \frac{\lambda}{6}.$$

我们需要搞清楚方程 $h(x) = \dfrac{1}{30}$ 在 $[0,1]$ 上什么时候有解, 什么时候无解.

易见, 该方程有解当且仅当 $h_m \leqslant \dfrac{1}{30} \leqslant h_M$, 其中 h_m 与 h_M 分别表示函数 h 在区间 $[0,1]$ 上的最小值与最大值. 注意到对 $0 \leqslant \lambda \leqslant 1/3$, 有

$$h_M = \frac{1 - \lambda}{12}, \quad h_m = \frac{\lambda}{6},$$

可知在 $0 \leqslant \lambda \leqslant 1/3$ 的情况下, 我们有

$$h_m \leqslant \frac{1}{30} \leqslant h_M \quad \Leftrightarrow \quad 0 \leqslant \lambda \leqslant \frac{1}{5};$$

而对 $1/3 < \lambda \leqslant 1$, 有

$$h_M = \frac{\lambda}{6}, \quad h_m = \frac{1-\lambda}{12},$$

可知在 $1/3 < \lambda \leqslant 1$ 的情况下, 则有

$$h_m \leqslant \frac{1}{30} \leqslant h_M \quad \Leftrightarrow \quad \frac{3}{5} \leqslant \lambda \leqslant 1.$$

因而, 方程 $h(x) = \dfrac{1}{30}$ 在 $[0,1]$ 上有解当且仅当 $0 \leqslant \lambda \leqslant \dfrac{1}{5}$ 或 $\dfrac{3}{5} \leqslant \lambda \leqslant 1$. 换句话说, 对上述函数 f 与 g, 当 $\dfrac{1}{5} < \lambda < \dfrac{3}{5}$ 时定理 A 的结论 (i) 是不成立的.

3. 结果更正

上面的反例说明, 要保证定理 A 的结论 (i) 成立, 需要补充条件. 我们给出下列结果:

定理 2.7　设函数 f 与 g 在区间 $[a,b]$ 上非负、连续. 如果存在 $x_1, x_2 \in [a,b]$, 使得

$$g_m = g(x_1), \quad f_m = f(x_1), \quad g_M = g(x_2), \quad f_M = f(x_2),$$

即它们同时取得最大值、同时取得最小值, 则对任意 $\lambda \in [0,1]$, 必存在 $c = c(\lambda) \in [a,b]$ 使得

$$\int_a^b f(x)g(x)dx = \lambda f(c) \int_a^b g(x)dx + (1-\lambda)g(c) \int_a^b f(x)dx.$$

特别, 如果函数 f 与 g 在区间 $[a,b]$ 上同为单调增的或同为单调减的, 则上式成立.

证明　因为 f 与 g 在区间 $[a,b]$ 上非负、连续, 故有

$$f_m \int_a^b g(x)dx \leqslant \int_a^b f(x)g(x)dx \leqslant f_M \int_a^b g(x)dx,$$

$$g_m \int_a^b f(x)dx \leqslant \int_a^b f(x)g(x)dx \leqslant g_M \int_a^b f(x)dx.$$

上述第一式乘以 λ, 第二式乘以 $(1-\lambda)$, 然后相加, 可得

$$\lambda f_m \int_a^b g(x)dx + (1-\lambda)g_m \int_a^b f(x)dx$$

$$\leqslant \int_a^b f(x)g(x)dx$$

$$\leqslant \lambda f_M \int_a^b g(x)dx + (1-\lambda)g_M \int_a^b f(x)dx,$$

令

$$h(x) = \lambda f(x) \int_a^b g(x)dx + (1-\lambda)g(x) \int_a^b f(x)dx,$$

则根据假设, 上述不等式就可写为

$$h_m \leqslant \int_a^b f(x)g(x)dx \leqslant h_M.$$

于是, 由 h 的连续性即知结论成立. 证毕.

4. 更多结果

现在我们考虑这样的问题, 即固定 a, 变动 b, 并令 $b \to a$, 那么量 $c(\lambda)$ 何时存在? 其渐近性质又如何? 为了能够使用无穷小分析方法, 我们对一类光滑函数来研究这一问题. 首先, 为简单起见, 不失一般性, 可设 $a = 0$, 并把 b 改用变量 x, 此时, 我们有函数

$$h(t,x) = \lambda f(t)G(x) + (1-\lambda)g(t)F(x), \quad 0 < x \ll 1, \tag{4.14}$$

其中 $\lambda \in [0,1]$,

$$G(x) = \int_0^x g(u)du, \quad F(x) = \int_0^x f(u)du.$$

我们要研究方程

$$\int_0^x f(u)g(u)du = h(t,x) \tag{4.15}$$

在区间 $(0,x)$ 上关于 t 的解及其性质. 我们只考虑一类简单的函数, 即假设 $f,g \in C^3$, 以及

$$f(x) = a_0 + a_1 x + a_2 x^2 + O(x^3),$$
$$g(x) = b_0 + b_1 x + b_2 x^2 + O(x^3). \tag{4.16}$$

那么

$$F(x) = a_0 x + \frac{a_1}{2}x^2 + \frac{a_2}{3}x^3 + O(x^4),$$

$$G(x) = b_0 x + \frac{b_1}{2}x^2 + \frac{b_2}{3}x^3 + O(x^4).$$

故有

$$f(x)g(x) = a_0 b_0 + K_0 x + (K_1 + a_1 b_1)x^2 + O(x^3),$$

$$f(t)G(x) = a_0 b_0 x + a_1 b_0 tx + a_2 b_0 t^2 x + \frac{1}{2}a_0 b_1 x^2 + \frac{1}{2}a_1 b_1 tx^2 + \frac{1}{3}a_0 b_2 x^3 + \cdots,$$

$$g(t)F(x) = a_0 b_0 x + b_1 a_0 tx + b_2 a_0 t^2 x + \frac{1}{2}b_0 a_1 x^2 + \frac{1}{2}a_1 b_1 tx^2 + \frac{1}{3}b_0 a_2 x^3 + \cdots,$$

其中

$$K_0 = a_1 b_0 + a_0 b_1, \quad K_1 = a_2 b_0 + a_0 b_2.$$

由 (4.14) 式与 (4.15) 式, 直接求积分可知

$$\int_0^x f(u)g(u)du = x[a_0 b_0 + \frac{1}{2}K_0 x + \frac{1}{3}(K_1 + a_1 b_1)x^2 + O(x^3)],$$

$$h(t,x) = x[a_0 b_0 + \Delta_0 t + \Delta_1 t^2 + \frac{1}{2}\bar{\Delta}_0 x + \frac{1}{3}\bar{\Delta}_1 x^2 + \frac{1}{2}a_1 b_1 tx + h.o.t.],$$

其中

$$\Delta_0 = \lambda a_1 b_0 + (1-\lambda)a_0 b_1, \quad \bar{\Delta}_0 = \lambda a_0 b_1 + (1-\lambda)a_1 b_0,$$

$$\Delta_1 = \lambda a_2 b_0 + (1-\lambda)a_0 b_2, \quad \bar{\Delta}_1 = \lambda a_0 b_2 + (1-\lambda)a_2 b_0,$$

$$h.o.t. = O(|t^3| + |t^2 x| + |tx^2| + |x^3|).$$

因此, (4.15)式可具体写为

$$\Delta_0 t + \Delta_1 t^2 - \frac{1}{2}\Delta_0 x - \frac{1}{3}(\Delta_1 + a_1 b_1)x^2 + \frac{1}{2}a_1 b_1 tx + h.o.t. = 0. \tag{4.17}$$

由隐函数定理知, 如果 $\Delta_0 \neq 0$, 则方程(4.17)关于 t 在区间 $(0, x)$ 上有唯一解

$$t = c(x) = \frac{1}{2}x + O(x^2).$$

如果 $\Delta_0 = 0$, 则方程(4.17)成为

$$\Delta_1 t^2 - \frac{1}{3}(\Delta_1 + a_1 b_1)x^2 + \frac{1}{2}a_1 b_1 tx + h.o.t. = 0. \tag{4.18}$$

假设 $\Delta_1 \neq 0$, 并令 $t = \delta x$, 则易知(4.18)式等价于

$$\delta^2 + \frac{\mu}{2}\delta - \frac{1+\mu}{3} + O(x) = 0, \tag{4.19}$$

其中 $\mu = \dfrac{a_1 b_1}{\Delta_1}$. 我们现在的任务是研究(4.19)式关于 δ 在区间 $(0,1)$ 上根的个数问题. 当 $x = 0$ 时方程(4.19)成为

$$V(\delta) \equiv \delta^2 + \frac{\mu}{2}\delta - \frac{1+\mu}{3} = 0. \tag{4.20}$$

我们有

$$V(0) = -\frac{1+\mu}{3}, \quad V(1) = \frac{4+\mu}{6}, \quad V'(\delta) = 2\left(\delta + \frac{\mu}{4}\right).$$

V 的最小值为

$$V_m = -\frac{\mu^2}{16} - \frac{1+\mu}{3} \equiv v(\mu),$$

而函数 v 的两个根分别是 $\mu = -4$ 和 $\mu = -\dfrac{4}{3}$. 于是由 (4.20) 式易见下列事实:

(1) 当 $\mu > -1$ 时函数 V 关于 δ 在区间 $[0,1]$ 上有唯一根 $\delta = \delta_1 \in (0,1)$;

(2) 当 $\mu = -1$ 时函数 V 关于 δ 在区间 $[0,1]$ 上有零根 $\delta = 0$ 和唯一根 $\delta = \delta_1 \in (0,1)$;

(3) 当 $-\dfrac{4}{3} < \mu < -1$ 时 V 关于 δ 在区间 $[0,1]$ 上有两个正根 δ_0 与 δ_1, 且 $0 < \delta_0 < \delta_1 < 1$;

(4) 当 $\mu = -\dfrac{4}{3}$ 时 V 关于 δ 在区间 $[0,1]$ 上有二重正根 $\delta_{01} \in (0,1)$;

(5) 当 $-4 < \mu < -\dfrac{4}{3}$ 时 V 关于 δ 在区间 $(-\infty, +\infty)$ 上没有根;

(6) 当 $\mu = -4$ 时 V 关于 δ 在区间 $[0,1]$ 上有二重根 $\delta = 1$;

(7) 当 $\mu < -4$ 时 V 关于 δ 在区间$[0,1]$上没有根, 而在 $(1, +\infty)$ 上有两个单根.

于是, 利用隐函数定理, 易见下列结论成立:

(a) 当 $\mu > -1$ 时(4.18)式在区间 $(0, x)$ 上关于 t 有唯一解 $t = c(x)$;

(b) 当 $\mu = -1$ 时(4.18)式在区间 $(0, x)$ 上关于 t 至少有一解 $t = c(x)$;

(c) 当 $-\dfrac{4}{3} < \mu < -1$ 时(4.18)式在区间 $(0, x)$ 上关于 t 恰有两个解 $t = c_1(x)$ 与 $t = c_2(x)$;

(d) 当 $-4 < \mu < -\dfrac{4}{3}$ 或 $\mu < -4$ 时(4.18)式在区间$(0, x)$ 上关于 t 没有解, 但

当 $\mu < -4$ 时(4.18)式在区间 $t > x$ 上关于 t 恰有两个解.

综上所述, 可得

定理 2.8　设(4.16)式成立. 令

$$\Delta_0 = \lambda a_1 b_0 + (1 - \lambda) a_0 b_1, \quad \Delta_1 = \lambda a_2 b_0 + (1 - \lambda) a_0 b_2.$$

(1) 如果 $\Delta_0 \neq 0$, 则方程(4.15)关于 t 在区间 $(0, x)$ 上有唯一解 $t = c(x) = \frac{1}{2}x + O(x^2)$.

(2) 如果 $\Delta_0 = 0$, $\Delta_1 \neq 0$, 令 $\mu = \dfrac{a_1 b_1}{\Delta_1}$. 则

(2a) 当 $\mu > -1$ 时, 方程(4.15)在区间 $(0, x)$ 上关于 t 有唯一解 $t = c(x)$;

(2b) 当 $\mu = -1$ 时, 方程(4.15)在区间 $(0, x)$ 上关于 t 至少有一解 $t = c(x)$;

(2c) 当 $-\dfrac{4}{3} < \mu < -1$ 时, 方程(4.15)在区间 $(0, x)$ 上关于 t 恰有两个解 $t = c_1(x)$ 与 $t = c_2(x)$;

(2d) 当 $-4 < \mu < -\dfrac{4}{3}$ 或 $\mu < -4$ 时, 方程(4.15)在区间 $(0, x)$ 上关于 t 没有解.

4.3　课题研究实践: 一维周期系统

在本节和 4.4 节我们列出一系列研究课题, 分别是关于一维周期系统和平面自治系统解的性质的, 涉及的结果中, 有的是熟知的 (在微分方程定性理论的书中可以找到), 有些是最近才获得的 (在有关论文中可以找到), 也有个别课题内容是在该书的写作过程中偶然想到的, 但所用方法是常规的. 应该说所列

第24讲　课题
研究实践

出的任何一个课题经过不长时间的思考都是可以完成的. 希望有兴趣的读者把它们当做新课题来独立完成, 作为这个写作课程的一个实实在在的课题研究实践.

4.3.1　周期解的个数

1. 基本知识

考虑一维周期微分方程

$$\dot{x} = f(t, x), \tag{4.21}$$

其中假设函数 f 对一切 $(t,x) \in \mathbf{R}^2$ 有定义, 且使得 $f(t,x)$ 与 $f_x(t,x)$ 都在 $\mathbf{R}^2$ 上连续. 又假设存在常数 $T > 0$, 使得 $f(t+T,x) = f(t,x)$ 对一切 $(t,x) \in \mathbf{R}^2$ 成立. 于是由微分方程解的存在性与唯一性定理, 对任意 $x_0 \in \mathbf{R}$, 方程(4.21) 都存在唯一的满足初值条件 $x(0) = x_0$ 的解, 记其为 $x(t,x_0)$, 该解关于 t 的定义域 (即饱和区间) 记为 $I(x_0)$. 如果 $I(x_0) \supset [0,T]$, 则定义方程(4.21)的 Poincaré 映射 $P(x_0)$ 为 $P(x_0) = x(T,x_0)$. 回顾一下, 我们在 1.5 节的例 5.2 中证明了下述结论:

假设存在 $\bar{x}_0 \in \mathbf{R}$ 使得 $I(\bar{x}_0) \supset [0,T]$. 则

(1) 存在开区间 J, 包含 $\bar{x}_0$, 使得 $I(x_0) \supset [0,T]$ 当且仅当 $x_0 \in J$. 换句话说, 函数 P 的定义域为 J.

(2) 对给定点 $x_0 \in J$, 解 $x(t,x_0)$ 为 T 周期的当且仅当 x_0 为 P 的不动点, 即 $P(x_0) = x_0$.

(3) 如果存在正整数 $k \geqslant 1$, 使 $\dfrac{\partial^k f}{\partial x^k} \in C(\mathbf{R}^2)$, 则 $P \in C^k(J)$.

在 1.5 节, 我们曾证明了公式

$$\frac{\partial x}{\partial x_0}(t,x_0) = e^{\int_0^t \frac{\partial f}{\partial x}(s,x(s,x_0))ds}.$$

由这一公式即知, 如果 $x_1 < x_2$, 则对一切 $t \in \mathbf{R}$ 都有 $x(t,x_1) < x(t,x_2)$.

关于一维周期微分方程 (4.21) 的周期解的存在性与唯一性, 首先易证下列命题.

命题 (1)如果存在常数 $x_1 < x_2$, 使对一切 $t \in \mathbf{R}$ 都有 $f(t,x_1)f(t,x_2) < 0$, 则方程 (4.21) 必有 T 周期解 $x(t)$, 且 $x(t) \in (x_1,x_2)$. (2) 如果对每个 $t \in \mathbf{R}$, $f(t,x)$ 关于 x 都是严格单调的, 则(4.21)至多有一个 T 周期解.

证明 设 $f(t,x_1)f(t,x_2) < 0$, 为确定计, 不妨设 $f(t,x_1) > 0$, $f(t,x_2) < 0$(否则, 在(4.21)式中将 t 改为 $-t$), 考察解 $x = x(t,x_1)$ 与 $x = x(t,x_2)$, 利用所设条件, 分析微分方程 (4.21) 过直线 $x = x_1$ 与 $x = x_2$ 上点之解的走向, 用反证法易证: 对一切 $t \in (0,T]$ 必有 $x_1 < x(t,x_1) < x(t,x_2) < x_2$, 特别有 $x_1 < x(T,x_1) < x(T,x_2) < x_2$, 即 $x_1 < P(x_1) < P(x_2) < x_2$, 引入后继函数

$$d(x_0) = P(x_0) - x_0,$$

那么 d 在 $[x_1,x_2]$ 上有定义且连续, 并且 $d(x_1) > 0$, $d(x_2) < 0$, 从而必有点

$x^* \in [x_1, x_2]$, 使成立 $d(x^*) = 0$. 也就是说, $x(t, x^*)$ 就是方程 (4.21) 的 T 周期解, 即得结论 (1).

为证结论 (2), 我们用反证法. 假设对每个 $t \in \mathbf{R}$, $f(t, x)$ 关于 x 都是严格单调的, 但方程(4.21)有两个 T 周期解 $x_1(t)$ 与 $x_2(t)$. 不妨设 $f(t, x)$ 关于 x 是严格增加的, 又不妨设 $x_1(t) < x_2(t)$, 则

$$x_1'(t) = f(t, x_1(t)) < f(t, x_2(t)) = x_2'(t),$$

两边对 t 在 $[0, T]$ 上积分可得

$$0 = x_1(0) - x_1(T) < x_2(0) - x_2(T) = 0,$$

矛盾. 至此命题证毕.

2. 研究任务

进一步的研究目标是给出方程(4.21)至多有 2 个周期解、至多有 3 个周期解的充分条件. 具体任务就是证明:

定理　如果 f_x 存在且关于 x 为严格单调的, 则方程(4.21)至多有 2 个周期解. 如果 f_{xx} 存在且关于 x 为严格单调的, 则方程(4.21)至多有 3 个周期解.

4.3.2　周期解的重数及其扰动分支

1. 一个基本概念

方程(4.21) 的任一周期解都可以通过平移转化成零解, 因此为了方便, 我们假设 $f(t, 0) = 0$, 即方程(4.21)有零解 $x = 0$. 进一步设函数 f 关于 x 为 C^∞ 的, 则后继函数 $d(x_0)$ 为 C^∞, 且 $d(0) = 0$. 于是, 当 $|x_0|$ 充分小时, 下列形式展开式成立

$$d(x_0) = \sum_{j \geqslant 1} d_j x_0^j. \tag{4.22}$$

如果存在自然数 $k \geqslant 1$ 使得(4.22)式中的系数满足

$$d_j = 0, \quad j = 1, \cdots, k - 1, \quad d_k \neq 0,$$

则称 $x = 0$ 为方程(4.21)的 k 重周期解. 如果当 $|x_0|$ 充分小时 $d(x_0) = 0$, 则称 $x = 0$ 为方程(4.21)的中心.

2. 研究任务

本小段的研究任务是

(1) 分别寻求线性 T 周期方程 $\dfrac{dx}{dt} = a(t)x$ 的零解重数、黎卡提 T 周期方程

$$\frac{dx}{dt} = a(t)x^2 + b(t)x$$

的零解重数与伯努利 T 周期方程

$$\frac{dx}{dt} = a(t)x^n + b(t)x,$$

(其中 $n > 1$ 为自然数) 的零解重数.

(2) 试证明对任意自然数 $k \geqslant 1$, 一维 C^∞ 周期方程(4.21)可以通过某 T 周期变换

$$x = h(t, y) = \sum_{i=1}^{k} h_i(t)y^i,$$

变为规范形式

$$\dot{y} = \sum_{i=1}^{k} g_i y^i + O(y^{k+1}) \equiv g(t, y), \tag{4.23}$$

其中 g_i 为常数, $h_i(0) = 1$.

(3) 周期方程(4.21)以 $x = 0$ 为 k 重周期解当且仅当方程(4.23)满足 $g_k \neq 0$, $g_j = 0, j = 1, \cdots, k-1$.

(4) 若 f 满足

$$f\left(t + \frac{T}{2}, -x\right) = -f(t, x)$$

或满足

$$f(t, -x) = -f(t, x),$$

则当 $x = 0$ 为方程(4.21)的 k 重周期解时, k 必为奇数.

(5) 现考虑含参数的 C^∞ 周期方程

$$\frac{dx}{dt} = f(t, x, \varepsilon), \tag{4.24}$$

其中 $\varepsilon \in \mathbf{R}^n$, $f(t, 0, 0) = 0$. 试证明: 设 $x = 0$ 为方程 $\dfrac{dx}{dt} = f(t, x, 0)$ 的 k 重零

解, 则存在 $\delta > 0$, 使当 $|\varepsilon| < \delta$ 时, 方程(4.24)在 $x = 0$ 的小邻域内至多有 k 个周期解.

(6) 考虑含参数的 C^∞ 周期方程(4.24), 设其右端函数 f 满足

$$f(t, x, \varepsilon) = \sum_{k \geqslant 1} \varepsilon^k f_k(t, x).$$

又设 $x(t, x_0, \varepsilon)$ 为方程(4.24)满足 $x(0, x_0, \varepsilon) = x_0$ 的解, 则有展开式

$$x(t, x_0, \varepsilon) = x_0 + \sum_{j \geqslant 1} \varepsilon^j \bar{x}_j(t, x_0),$$

从而方程(4.24)的 Poincaré 映射为

$$P(x_0, \varepsilon) = x(T, x_0, \varepsilon) = x_0 + \sum_{j \geqslant 1} \varepsilon^j P_j(x_0).$$

为求诸 $P_j(x_0)$ 的表达式, 需要求出诸 $\bar{x}_j(t, x_0)$ 的表达式. 试证下述结果 [38]:

$$\bar{x}_1(t, x_0) = \int_0^t f_1(u, x_0)du,$$

$$\bar{x}_2(t, x_0) = \int_0^t \left[f_2(u, x_0) + \frac{\partial f_1}{\partial x}(u, x_0)\bar{x}_1(u, x_0) \right]du,$$

$$\bar{x}_n(t, x_0) = \int_0^t \left[f_n(u, x_0) + \sum_{l=1}^{n-1}\sum_{i=1}^{l} \frac{1}{i!}\frac{\partial^i f_{n-l}}{\partial x^i}(u, x_0)K_{li}(u, x_0) \right]du,$$

其中

$$K_{li}(u, x_0) = \sum_{j_1+j_2+\cdots+j_i=l} \bar{x}_{j_1}(u, x_0)\bar{x}_{j_2}(u, x_0)\cdots\bar{x}_{j_i}(u, x_0).$$

易见

$$P_1(x_0) = \int_0^T f_1(t, x_0)dt,$$

$$P_2(x_0) = \int_0^T \left[f_2(t, x_0) + \frac{\partial f_1}{\partial x}(t, x_0)\int_0^t f_1(u, x_0)du \right]dt.$$

4.3.3　平均方法与含小参数方程

本小节的研究任务是证明下列两个结果 (预备定理和平均法定理).

预备定理　设有函数 $F : I \times V \times J \to \mathbf{R}$, 满足

$$F(x, a, \varepsilon) = f(x, a) + g(x, a, \varepsilon),$$

其中 I 为一开区间, $V \subset \mathbf{R}^n$ 为一紧集 (即有界闭集), $J \subset \mathbf{R}$ 为内含原点的开区间, $n \geqslant 1$, $f \in C^k(I \times V)$, $g \in C^k(I \times V \times J)$, 且 $g(x,a,0)=0$. 证明:

(1) 如果存在 $l \leqslant k$, 使对每个 $a \in V$, 函数 $f(x,a)$ 关于 x 在 I 上至多有 l 个根 (包括重数在内), 则对任给的紧集 $I_0 \subset I$, 存在 $\delta > 0$, 使对一切 $|\varepsilon| < \delta$, 函数 $F(x,a,\varepsilon)$ 关于 x 在 I_0 上至多有 l 个根 (包括重数在内);

(2) 如果对存在 $a_0 \in V$, 使得函数 $f(x,a_0)$ 关于 x 在 I 内恰有 l 个单根, 则存在 $\delta > 0$ 和紧集 $I_0 \subset I$, 使对一切 $|a - a_0| < \delta$, $|\varepsilon| < \delta$, 函数 $F(x,a,\varepsilon)$ 关于 x 在 I_0 上恰有 l 个单根.

思考 关于结论 (1), 如果不要求 I_0 是紧集, 这个结论还对吗? 试考虑下列两种情况:

(a) $I = (0,1)$, $F(x,a,\varepsilon) = (f(x,a) + \varepsilon)(1 - \varepsilon y)(1 - 2\varepsilon y) \cdots (1 - m\varepsilon y)$, $y = \dfrac{1}{1-x}$.

(b) $I = (0,+\infty)$, $F(x,a,\varepsilon) = (f(x,a) + \varepsilon)(1 - \varepsilon x)(1 - 2\varepsilon x) \cdots (1 - m\varepsilon x)$.

平均法定理 考虑含参数的一维周期方程

$$\frac{dx}{dt} = F(t,x,\varepsilon), \tag{4.25}$$

其中 F 为 C^∞ 函数, 且关于 t 为 T 周期函数, 又满足 $F(t,x,0)=0$. 于是可设形式上成立

$$F(t,x,\varepsilon) = \sum_{k \geqslant 1} \varepsilon^k F_k(t,x).$$

则对任意给定的自然数 $k \geqslant 1$, 都存在 $C^\infty T$ 周期变换 $y = x + \varepsilon \phi_k(t,x,\varepsilon)$, 把(4.25)化为下述 $C^\infty T$ 周期方程

$$\frac{dy}{dt} = \sum_{i=1}^{k} \varepsilon^i \bar{F}_i(y) + \varepsilon^{k+1} F_{k+1}(t,y,\varepsilon), \tag{4.26}$$

其中

$$\bar{F}_1(y) = \frac{1}{T} \int_0^T F_1(t,y) dt.$$

进一步设 $k \geqslant 1$ 使下列条件成立

$$\bar{F}_k(y) \not\equiv 0, \quad \bar{F}_j(y) \equiv 0, \quad j = 1, \cdots, k-1.$$

则

(1) 如果函数 $\bar{F}_k(y)$ 有 m 个单根, 则当 $|\varepsilon|$ 充分小时, 方程(4.25)及(4.26)必有 m 个周期解.

(2) 如果函数 $\bar{F}_k(y)$ 至多有 m 个根 (包括重数在内), 则当 $|\varepsilon|$ 充分小时, 方程(4.25) 及 (4.26) 至多有 m 个关于 ε 为一致有界的周期解.

(3) 如果设方程(4.25)的 Poincaré 映射为

$$P(x_0, \varepsilon) = x_0 + \sum_{j \geqslant 1} \varepsilon^j P_j(x_0),$$

则

$$P_j(x) \equiv 0, \quad j = 1, \cdots, k-1,$$

而

$$P_k(x) = T\bar{F}_k(x).$$

4.3.4　一类分段光滑的周期系统

1. 问题的提出

这里我们引出三个假设如下.

(H1) 存在开区间 J, 正数 T 和 $k-1$ 个定义于 J 的 C^r 函数 $h_1(x), \cdots, h_{k-1}(x)$, 满足

$$0 < h_1(x) < \cdots < h_{k-1}(x) < T, \ x \in J, \ k \geqslant 2, \ r \geqslant 1.$$

(H2) 令 $h_0(x) = 0$, $h_k(x) = T$. 定义 k 个区域如下:

$$D_j = \{(t,x)| \ h_{j-1}(x) \leqslant t < h_j(x), x \in J\}, \quad j = 1, \cdots, k.$$

对 $j = 1, \cdots, k$, 存在 $\varepsilon_0 > 0$, k 个 C^r 函数 $F_j(t, x, \varepsilon, \delta)$, 对所有 $(t, x) \in U(\bar{D}_j)$, $|\varepsilon| < \varepsilon_0$ 和 $\delta \in V$ 有定义, 其中 V 是 R^n 某紧集, 而 $\bar{D}_j$ 表示集合 D_j 的闭包, $U(\bar{D}_j)$ 为包含 $\bar{D}_j$ 的开集.

易见

$$[0, T) \times J = \bigcup_{j=1}^{k} D_j.$$

引入下列微分方程:

$$\frac{dx}{dt} = \varepsilon F(t, x, \varepsilon, \delta), \quad t \in R, \ x \in J, \tag{4.27}$$

其中 $|\varepsilon| < \varepsilon_0$, $\delta \in V$, 且函数 F 满足下列条件.

(H3) F 关于 t 是 T 周期的, 即, $F(t+T, x, \varepsilon, \delta) = F(t, x, \varepsilon, \delta)$ 对一切 $t \in \mathbf{R}$, $x \in J$ 成立, 且满足

$$
F(t, x, \varepsilon, \delta) = \begin{cases}
F_1(t, x, \varepsilon, \delta), & (t, x) \in D_1, \\
F_2(t, x, \varepsilon, \delta), & (t, x) \in D_2, \\
\quad \cdots\cdots \\
F_k(t, x, \varepsilon, \delta), & (t, x) \in D_k.
\end{cases}
$$

方程 (4.27) 可称为一个 k 段 C^r 光滑的周期微分方程. 注意, 函数 F 在切换线 $l_1, \cdots, l_{k-1}$ 上可能不连续, 其中

$$
l_j = \{(t, x) \mid t = h_j(x),\ x \in J\}, \quad j = 0, \cdots, k.
$$

设

$$
f(x, \delta) = \int_0^T F(t, x, 0, \delta)dt = \sum_{j=1}^k \int_{h_{j-1}(x)}^{h_j(x)} F_j(t, x, 0, \delta)dt, \quad x \in J. \tag{4.28}
$$

易见在假设 (H1)~(H3) 之下 f 是一个 C^r 函数.

2. 研究任务

建立方程 (4.27) 的 Poincaré 映射, 研究其光滑性, 并证明下述定理

定理 考虑周期方程 (4.27). 设条件 (H1), (H2) 与 (H3) 满足. 如果存在整数 m, $1 \leqslant m \leqslant r$, 使得由方程 (4.28) 定义的函数 f 对所有的 $\delta \in V$, 关于 $x \in J$ 至多有 m 个根, 包括重数在内, 则对任何闭区间 $I \subset J$, 存在 $\varepsilon_1 = \varepsilon_1(I) > 0$, 使当 $0 < |\varepsilon| < \varepsilon_1$, $\delta \in V$ 时方程 (4.27) 至多有 m 个 T 周期解 (包括重数在内), 它们的值域都含于 I.

进一步, 设方程 (4.27) 的 Poincaré 映射为

$$
P(x_0, \varepsilon, \delta) = x_0 + \sum_{j=1}^r \varepsilon^j P_j(x_0, \delta) + o(\varepsilon^r),
$$

试求出 $P_1(x_0, \delta)$ 与 $P_2(x_0, \delta)$ 的公式.

4.4　课题研究实践：平面自治系统

4.4.1　两类静态分支问题

1. 基本知识

考虑平面自治系统

$$\dot{z} = f(z), \quad z \in \mathbf{R}^2, \tag{4.29}$$

其中假设函数 $f(z)$ 足够光滑, 例如设 $f \in C^\infty$. 又设方程(4.29)有一奇点, 即存在 $z_0 \in \mathbf{R}^2$, 使得 $f(z_0) = 0$. 不失一般性, 可设该点位于原点, 即 $z_0 = 0$. 设 $A = \dfrac{\partial f}{\partial z}(0)$, 这是一个二阶常矩阵. 我们知道, 如果 A 的两个特征值为相异符号 (相同符号, 包括二重根) 的非零实数, 则原点为方程(4.29)的鞍点 (结点, 或退化结点与临界结点), 如果 A 的两个特征值为一对共轭复根且实部不为零, 则原点为方程(4.29)的焦点, 如果 A 的两个特征值为一对共轭纯虚根, 则原点为方程(4.29)的 (细) 焦点、中心或中心焦点. 中心焦点的特点是：其任意小邻域内既有方程(4.29)的闭轨线又有该方程的非闭轨线.

如果 A 至少有一个特征值为零, 则原点是方程(4.29)的高次奇点, 此时一种较简单的情况是两个特征值一个为零另一个非零, 那么在这种情况下不失一般性, 进一步可设方程 (4.29)在原点邻域内具有下述形式：

$$\dot{x} = P(x,y), \quad \dot{y} = -y + Q(x,y), \tag{4.30}$$

其中函数 P 与 Q 为 C^∞ 函数, 且满足

$$P(0,0) = Q(0,0) = 0, \quad \frac{\partial(P,Q)}{\partial(x,y)}(0,0) = 0.$$

由隐函数定理, 方程 $-y + Q(x,y) = 0$ 有唯一解 $y = \varphi(x) = O(x^2)$, 且为 C^∞ 的. 对于函数 $P(x,\varphi(x))$, 我们考虑两种较简单的特殊情况, 即

$$P(x,\varphi(x)) = p_2 x^2 + O(x^3), \quad p_2 \neq 0 \tag{4.31}$$

与

$$P(x,\varphi(x)) = p_3 x^3 + O(x^3), \quad p_3 \neq 0. \tag{4.32}$$

可证 (这里我们略去证明, 更一般的结果见文献 [11])

命题 当(4.31)式成立时, 原点是(4.30)式的鞍结点; 当(4.32)式成立时, 原点是(4.30)式的鞍点 (若 $p_3 > 0$) 或结点 (若 $p_3 < 0$).

2. 研究任务

现在我们考虑(4.30)式的扰动系统

$$\dot{x} = P_1(x, y, a), \quad \dot{y} = -y + Q_1(x, y, a), \tag{4.33}$$

其中 P_1 与 Q_1 为 C^∞ 函数, $a \in \mathbf{R}^n$, 且 $P_1(x, y, 0) = P(x, y)$, $Q_1(x, y, 0) = Q(x, y)$.

(1) 鞍结点分支 在条件(4.31)之下, 研究当 $|a|$ 充分小时方程(4.33)在原点附近的奇点分支.

(2) 叉型分支 假设

$$P_1(-x, -y, a) = -P_1(x, y, a), \quad Q_1(-x, -y, a) = -Q_1(x, y, a),$$

在条件(4.32)之下, 研究当 $|a|$ 充分小时方程(4.33)在原点附近的奇点分支.

4.4.2 多重极限环之扰动分支

考虑 C^k 光滑系统

$$\dot{z} = f(z, a), \quad z \in \mathbf{R}^2, \quad \varepsilon \in \mathbf{R}^n \tag{4.34}$$

其中假设 f 为 C^k 函数, $k \geqslant 1$. 设当 $\varepsilon = 0$ 时, 方程(4.34)有一极限环 $L: z = u(t)$, $0 \leqslant t \leqslant T$, 其中 T 是其周期. 这里 L 是极限环, 意思是说方程(4.34)在它的某邻域内没有其他闭轨. 引入向量周期函数

$$v(\theta) = \frac{u'(\theta)}{|u'(\theta)|} = (v_1(\theta), v_2(\theta))^{\mathrm{T}}, \quad Z(\theta) = (-v_2(\theta), v_1(\theta))^{\mathrm{T}}.$$

在 L 上点 $u(0)$ 处引入方程(4.34)的截线 l 如下:

$$l: z = u(0) + bZ(0), \quad b \in \mathbf{R}, \quad |b| < a,$$

其中 $a > 0$ 为某适当小的正数. 由解对初值与参数的连续性知, 当 ε 充分小时, 方程(4.34)从点 $u(0)$ 出发的正半轨首次与 l 交于某点 $u(0) + P(b, \varepsilon)Z(0)$, 所用的时间为 $\tau = \tau(b, \varepsilon)$.

研究任务

(1) 证明函数 $P(b,\varepsilon)$ 与 $\tau(b,\varepsilon)$ 均为 C^k(当 $|b|+|\varepsilon|$ 充分小时), 其中函数 $P(b,\varepsilon)$ 称为方程(4.34)在 L 附近的 Poincaré 映射.

(2) 求出量 $\dfrac{\partial P}{\partial b}(0,0)$ 与 $\dfrac{\partial P}{\partial \varepsilon}(0,0)$ 的公式. 提示：引入所谓的曲线坐标变换 $z=u(\theta)+pZ(\theta)$.

(3) 在假设 $P(b,0)=c_k b^k+o(b^k)$ 且 $c_k\neq 0$ 之下 (此时我们称 L 为$(4.34)|_{\varepsilon=0}$ 的 k 重极限环), 研究当 ε 充分小时(4.34)式在 L 附近的极限环的最大个数, 特别地对 $k=2$ 的情况给出更详细的结果.

4.4.3　中心与焦点的判定问题

1. Poincaré 判定定理

考虑二维系统

$$\begin{aligned}\dot{x}&=\alpha x+\beta y+P_1(x,y),\\\dot{y}&=-\beta x+\alpha y+Q_1(x,y),\end{aligned}\tag{4.35}$$

其中 $\beta\neq 0$, P_1 与 Q_1 在原点邻域内为 C^∞ 函数, 且满足

$$P_1(0,0)=Q_1(0,0)=0,\quad \frac{\partial(P_1,Q_1)}{\partial(x,y)}(0,0)=0.\tag{4.36}$$

对方程(4.35)来说, 要解决的一个重要课题是中心与焦点的判定问题, 即给出判定中心与焦点的处理方法. 对这个问题, 从理论上讲有几种处理方法, 最一般的就是利用 Poincaré 映射, 一个比较新的方法是标准型方法, 而经典且有效的处理方法是由 Poincaré 给出的形式级数法, 即下面的定理.

定理 (Poincaré)　考虑系统(4.35). 设(4.36)式成立, 则任给整数 $N>1$, 必存在常数 $L_2,\cdots,L_{N+1}$ 和多项式

$$V(x,y)=\sum_{k=2}^{2N+2}V_k(x,y),$$

满足

$$V_2(x,y)=x^2+y^2,\quad V_k(x,y)=\sum_{i+j=k}c_{ij}x^i y^j,\ 3\leqslant k\leqslant 2N+2,$$

使得

$$V_x(\beta y + P_1) + V_y(-\beta x + Q_1) = \sum_{k=2}^{N+1} L_k(x^2 + y^2)^k + O(|x,y|^{2N+3}). \qquad (4.37)$$

此外, 如设

$$P_1 = f_1(x,y) + O(|x,y|^{2N+2}), \quad Q_1 = g_1(x,y) + O(|x,y|^{2N+2}),$$

$$f_1(x,y) = \sum_{2 \leqslant i+j \leqslant 2N+1} a_{ij}x^i y^j, \quad g_1(x,y) = \sum_{2 \leqslant i+j \leqslant 2N+1} b_{ij}x^i y^j,$$

则对 $1 \leqslant k \leqslant N+1$, 量 L_{k+1} 仅依赖于 a_{ij}, b_{ij} ($i+j \leqslant 2k+1$).

由于 N 可以任意大, 那么由(4.37)式中出现的常数 $L_2, L_3, \cdots$ 就是焦点与中心的判别量, 这些量又称为 Lyapunov 常数, 当它们中有一个不为零时原点就是焦点.

2. 研究任务

(1) 先证明下述引理.

引理 对给定的 $\cos\theta$ 与 $\sin\theta$ 的 k 次齐次多项式 $h_k(\cos\theta, \sin\theta)$, $k \geqslant 1$, 则必有 $\cos\theta$ 与 $\sin\theta$ 的 k 次齐次多项式 $v_k(\cos\theta, \sin\theta)$ 使得

$$\frac{d}{d\theta}v_k(\cos\theta, \sin\theta) = h_k(\cos\theta, \sin\theta) - \overline{h}_k,$$

或等价地

$$\int h_k(\cos\theta, \sin\theta)d\theta = \overline{h}_k\theta + v_k(\cos\theta, \sin\theta),$$

其中

$$\overline{h}_k = \frac{1}{2\pi} \int_0^{2\pi} h_k(\cos\theta, \sin\theta)d\theta.$$

(2) 利用上述引理证明 Poincaré 判定定理.

不少微分方程定性理论著作中都有对 Poincaré 判定方法之介绍, 但对上面的引理没有给出严格、完整的证明. 其实, 证明它并不是轻而易举之事.

提示 证明上述引理有下述两种方法: 一种方法是直接积分 (不失一般性, 可设 $h_k = \cos^i\theta\sin^j\theta$, 其中 $i+j=k$); 另一种方法是将 h_k 展开成傅里叶级数, 求出 v_k 的傅里叶级数, 关键是研究傅里叶级数的性质 (例如, 项数的有限性、k 的奇偶性对级数的影响, 从而由 v_k 的傅里叶级数的形式获得 v_k 的存在性).

4.4.4　C^k 微分系统的 Hopf 分支

考虑平面系统

$$\dot{z} = f_0(z) + f_1(z, \mu), \quad z \in \mathbf{R}^2, \tag{4.38}$$

其中 $\mu \in \mathbf{R}^n$, $n \geqslant 1$, f_0 与 f_1 为 C^k 函数, $k \geqslant 1$, $f_1(z, 0) = 0$.

假设

$$f_0(0) = 0, \quad \text{tr} f_0'(0) = 0, \quad \det f_0'(0) > 0,$$

其中 $f_0'(0)$ 表示 $f_0(z)$ 在 $z = 0$ 的雅可比矩阵, 而 "tr" 与 "det" 分别表示矩阵的
迹 (trace) 和行列式 (determinant). 又不失一般性, 可设 $f_1(0, \mu) = 0$, 以及

$$f_0'(0) + \frac{\partial f_1}{\partial z}(0, \mu) = \begin{pmatrix} \alpha(\mu) & -\beta(\mu) \\ \beta(\mu) & \alpha(\mu) \end{pmatrix}$$

对在 $\mu = 0$ 附近所有的 μ 成立. 方程 (4.38) 在 $z = 0$ 的特征值具有形式 $\alpha(\mu) \pm \mathrm{i}\beta(\mu)$, 且 $\beta(0) > 0$. 此时 (4.38)式可以等价地写为

$$\dot{z} = \begin{pmatrix} \alpha(\mu) & -\beta(\mu) \\ \beta(\mu) & \alpha(\mu) \end{pmatrix} z + \begin{pmatrix} P(z, \mu) \\ Q(z, \mu) \end{pmatrix}, \tag{4.39}$$

其中 $P, Q \in C^k$, 且

$$P(0, \mu) = Q(0, \mu) = 0, \quad \frac{\partial P}{\partial z}(0, \mu) = \frac{\partial Q}{\partial z}(0, \mu) = 0.$$

对 (4.39)式引入极坐标变换 $z = (r\cos\theta, r\sin\theta)$, $r > 0$, 可得

$$\dot{\theta} = S(\theta, r, \mu), \quad \dot{r} = R(\theta, r, \mu),$$

其中

$$S(\theta, r, \mu) = \beta(\mu) + (\cos\theta Q - \sin\theta P)/r,$$

$$R(\theta, r, \mu) = \alpha(\mu)r + \cos\theta P + \sin\theta Q,$$

$$P = P(r\cos\theta, r\sin\theta, \mu), \quad Q = Q(r\cos\theta, r\sin\theta, \mu).$$

注意到 $\beta(0) > 0$, 进一步由上式可得 2π 周期方程

$$\frac{dr}{d\theta} = \frac{R(\theta, r, \mu)}{S(\theta, r, \mu)} \equiv W(\theta, r, \mu). \tag{4.40}$$

注意, 到目前为止, 以上各式中的 r 均为正数, 现在我们补充定义:

$$S(\theta, 0, \mu) = \lim_{r \to 0+} S(\theta, r, \mu), \quad R(\theta, 0, \mu) = \lim_{r \to 0+} R(\theta, r, \mu),$$

$$W(\theta, 0, \mu) = \frac{R(\theta, 0, \mu)}{S(\theta, 0, \mu)}.$$

又易见方程(4.40)的右端对 $r < 0$ 也是有意义的, 因此, 经过这种自然的补充定义后, 方程(4.40)对一切适当小的 $|r|$ 都有定义. 此外利用恒等式

$$P(r \cos\theta, r \sin\theta, \mu) = P(-r \cos(\theta + \pi), -r \sin(\theta + \pi), \mu),$$

$$Q(r \cos\theta, r \sin\theta, \mu) = Q(-r \cos(\theta + \pi), -r \sin(\theta + \pi), \mu),$$

可知成立

$$S(\theta, r, \mu) = S(\theta + \pi, -r, \mu), \quad R(\theta, r, \mu) = -R(\theta + \pi, -r, \mu),$$

从而有

$$W(\theta, r, \mu) = -W(\theta + \pi, -r, \mu).$$

设 $P(r, \mu)$ 为周期方程 (4.40) 的 Poincaré 映射.

研究任务

(1) 证明平面系统 (4.39) 在原点的小邻域内有闭轨线当且仅当函数 $P(r, \mu)$ 关于 $r > 0$ 有不动点.

(2) 证明对一切适当小的 $|r|$, 函数 $R(\theta, r, \mu)$ 为 C^k 的, 而函数 $S(\theta, r, \mu)$ 为 C^{k-1} 的.

(3) 证明对一切适当小的 $|r|$, 函数 $W(\theta, r, \mu)$ 为 C^k 的, 从而 $P(r, \mu)$ 为 C^k 的.

(4) 假设存在正整数 $m \geqslant 1$, 且 $2m + 1 \leqslant k$, 使得

$$P(r, 0) = c_m r^{2m+1} + o(r^{2m+1}), \quad c_m \neq 0,$$

试研究当 $|\mu|$ 充分小时(4.39)式在原点的小邻域内极限环的分支. 上式条件的意思是原点是(4.39)式的未扰系统的 m 阶细焦点.

(5) 证明上述诸结果对 $k = \infty$ 也成立.

4.4.5 C^∞ 光滑近哈密顿系统的 Hopf 分支

本小节研究下述形式的 C^∞ 平面系统:

$$\dot{x} = H_y + \varepsilon p(x, y, \varepsilon, \delta), \quad \dot{y} = -H_x + \varepsilon q(x, y, \varepsilon, \delta), \tag{4.41}$$

其中 $H(x,y), p(x,y,\varepsilon,\delta), q(x,y,\varepsilon,\delta)$ 为 C^∞ 函数, $\varepsilon \geqslant 0$ 是小参数, 而 $\delta \in D \subset R^m$ 是向量参数, D 是有界集. 当 $\varepsilon = 0$ 时(4.41)式成为

$$\dot{x} = H_y, \quad \dot{y} = -H_x, \tag{4.42}$$

这是一个哈密顿系统, 因此我们称(4.41)式为近哈密顿系统. 为了方便起见, 设 (4.42)以原点为初等中心, 进一步又可设

$$H(x,y) = x^2 + y^2 + O(|x,y|^3).$$

那么必存在开区间 $J = (0,\beta)$, 使得对 $h \in J$, 方程 $H(x,y) = h$ 定义了一个包围原点的闭曲线 L_h. 记 $A(h)$ 为 L_h 与正 x 轴的交点. 对 ε 充分小, 考虑(4.41)式从点 $A(h)$ 出发的正半轨, 设该轨线绕原点一周后与正 x 轴的首次交点为 $B(h,\varepsilon,\delta)$. 利用(4.41)式可得

$$H(B) - H(A) = \int_{\widehat{AB}} dH = \varepsilon \int_{\widehat{AB}} q dx - p dy \equiv \varepsilon F(h,\varepsilon,\delta).$$

我们称函数 F 为(4.41)式的后继函数或分支函数, 其关于 h 的定义域不容易说清楚, 一般说来是一个开区间 $\widetilde{J} = (\widetilde{\alpha}, \widetilde{\beta})$, 使得当 $\varepsilon = 0$ 时 $\widetilde{J} = J$, 而 F 关于 h 在开区间 $\widetilde{J}$ 上是 C^∞ 的. 如果原点总是(4.41)式的奇点, 则 $\widetilde{\alpha} = 0$, 此时 F 的定义可以延拓到 $h = 0$, 而且利用上式进一步可证 F 在 $h = 0$ 为 C^1 的, 但一般不是 C^2 的.

令 $M(h,\delta) = F(h,0,\delta)$, 则易见

$$M(h,\delta) = \oint_{L_h} q dx - p dy|_{\varepsilon=0}, \quad h \in J.$$

我们称函数 M 为首阶 Melnikov 函数. 在 4.4 节例 4.3 中, 我们已经证明这个函数在 $h = 0$ 是 C^∞ 的, 且有展开式

$$M(h,\delta) = h \sum_{j \geqslant 0} b_j(\delta) h^j.$$

研究任务 证明:

(1) 如果存在 $\delta_0 \in D, k \geqslant 1$ 使得

$$b_k(\delta_0) \neq 0, \quad b_j(\delta_0) = 0, \quad j = 0, \cdots, k-1,$$

则当 $|\varepsilon| + |\delta - \delta_0|$ 充分小且 $\varepsilon \neq 0$ 时方程(4.41)在原点的小邻域内至多有 k 个极限环. 提示：利用上一节关于 (4.39) 式的研究结果.

(2) 如果进一步设矩阵 $\dfrac{\partial(b_0, \cdots, b_{k-1})}{\partial \delta}(\delta_0)$ 满秩, 则任给原点的一个邻域, 都存在充分小的 $|\varepsilon| + |\delta - \delta_0|$, 使得方程(4.41)在这个小邻域内出现 k 个极限环.

上述结论中的极限环都是小振幅的, 事实上利用函数 M 还可以研究大范围极限环的个数问题, 即可证：如果对一切 $\delta \in D$, $M(h, \delta)$ 在区间 J 内至多有 k 个根 (包括重数在内), 则任给闭区间 $I \subset J$, 存在 $\varepsilon_0 > 0$, 使当 $0 < |\varepsilon| < \varepsilon_0$, $\delta \in D$ 时方程(4.41)在紧集 $\bigcup_{h \in I} L_h$ 中至多有 k 个极限环. 如果存在 $\delta_0 \in D$, 使 $M(h, \delta_0)$ 在 J 上有 k 个单根, 那么当存在 $\varepsilon_0 > 0$, 使当 $0 < |\varepsilon| < \varepsilon_0$, $|\delta - \delta_0| < \varepsilon_0$ 时方程(4.41)有 k 个极限环.

如果我们所研究的扰动系统不是方程(4.41)的形式, 但其未扰系统是一可积系统, 那么这个可积系统一定有积分因子, 因此, 通过引入适当的时间参数变换, 可将可积系统的扰动系统化为方程(4.41)的形式.

如果方程(4.41)含有另一小参数 $\lambda \in \mathbf{R}$, 即假设

$$H(x,y) = H_0(x,y) + \lambda H_1(x,y) + \lambda^2 H_2(x,y) + \cdots,$$
$$p(x,y,0,\delta) = p_0(x,y,\delta) + \lambda p_1(x,y,\delta) + \lambda^2 p_2(x,y,\delta) + \cdots,$$
$$q(x,y,0,\delta) = q_0(x,y,\delta) + \lambda q_1(x,y,\delta) + \lambda^2 q_2(x,y,\delta) + \cdots,$$

则当 $|\lambda|$ 充分小时有

$$M(h,\delta) = M_0(h,\delta) + \lambda M_1(h,\delta) + \lambda^2 M_2(h,\delta) + \cdots.$$

那么进一步的**研究任务**是

(3) 寻求函数 $M_1(h, \delta)$ 与 $M_2(h, \delta)$ 的表达式.

4.4.6 分段光滑近哈密顿系统的极限环分支

我们仍考虑形如方程(4.41)的近哈密顿系统, 不过, 它不再是光滑的, 而是分段光滑的, 例如

$$H(x,y) = \begin{cases} H^+(x,y), & y > 0, \\ H^-(x,y), & y < 0, \end{cases}$$

$$p(x,y,\varepsilon,\delta) = \begin{cases} p^+(x,y,\varepsilon,\delta), & y > 0, \\ p^-(x,y,\varepsilon,\delta), & y < 0, \end{cases}$$

$$q(x,y,\varepsilon,\delta) = \begin{cases} q^+(x,y,\varepsilon,\delta), & y > 0, \\ q^-(x,y,\varepsilon,\delta), & y < 0, \end{cases}$$

其中 $H^\pm$, $p^\pm$ 与 $q^\pm$ 都是 C^∞ 函数. 我们假设相应的形如(4.42)式的未扰系统有一族包围原点的闭轨. 要研究的问题是当 ε 充分小时这一族不光滑的闭轨产生(4.41)式的极限环问题. 研究这一问题的思路如同研究光滑近哈密顿一样, 需要建立后继函数或分支函数, 该函数的主项记为 $M(h,\delta)$, 不妨仍称其为首阶 Melnikov 函数. 那么首先要解决的问题是这个函数的表达式是如何给出的, 然后再研究如何利用这个函数来研究极限环的分支. 也即对分段光滑系统, 我们有下列

研究任务

(1) 具体引入对(4.42)式所做的假设, 给出(4.41)式的分支函数和 Melnikov 函数 $M(h,\delta)$ 的定义, 研究它们的光滑性, 并建立 $M(h,\delta)$ 的表达式.

(2) 利用函数 $M(h,\delta)$ 研究扰动系统(4.41)的极限环分支问题, 包括 Hopf 分支和大范围分支.

我们指出, 同光滑系统一样, 如果所考虑的系统是分段可积系统的扰动系统, 则可以利用分段光滑的积分因子通过适当的时间参数变换将其化为分段哈密顿系统的扰动系统.

以上给出了十个研究课题, 虽然这些课题都已经被研究, 且获得了一些研究结果, 但如果读者对一部分课题进行深入探讨, 有可能获得有重要价值的新结果. 上面有关一维周期方程的研究可参考文献 [12, 13, 14, 38, 39, 48], 关于平面自治系统的研究可参考文献 [8, 9, 10, 11, 33, 40, 41, 42, 43].

第5章 聆听名家忠告，恪守学术道德

在数学发展的历史长河中涌现了许多数学巨人，正是在他们的带领下数学理论得以不断的丰富和发展. 那么，数学研究有没有捷径可寻呢？这无疑是广大青年学者关心的问题. 5.1节收集了4位当代顶级数学家从事数学研究的经验之谈.

数学研究是异常艰辛的脑力劳动，所有成果都是汗水浇灌的结晶. 正由于此，违犯学术道德的各种不端行为层出不穷，并不断被揭露出来，违犯者受到应有的惩罚. 5.2节收集一些科技工作者应该遵守的学术道德与规范.

第25讲 科学道德规范概要

5.1　数学名家的忠告

杂志《数学通报》在 1979 年第 1 期登载了著名数学家华罗庚先生的文章, 谈学习和研究数学的一些体会. 杂志《数学文化》在 2013 年第 2 期刊载了由上海师范大学陈跃老师翻译的文章 "给年轻数学家的忠告 (*Advice to a young mathematician*)", 该文由五位著名数学家迈克尔·阿蒂亚 (Michael Atiyah), 比勒·鲍隆巴斯 (Béla Bollobás), 阿兰·孔涅 (Alain Connes), 杜莎·麦克杜夫 (Dusa Mcduff) 和彼得·萨纳克 (Peter Sarnak) 各写一部分, 并出现在由剑桥大学数学教授、菲尔兹奖得主蒂莫西·高尔斯 (Timothy Gowers) 主编的巨著《普林斯顿数学指南》的 1000~1010 页中. 这两篇文章汇聚了这六位著名数学家的宝贵经验, 现从其中各选一部分形成了下面的内容 (这里的选择是不连贯的, 但都是原作者之原话), 供读者阅读和借鉴, 希望有助于正在步入或已经步入数学研究大门的年轻数学爱好者的成长.

5.1.1　华罗庚的忠告

学习有一个由薄到厚, 再由厚到薄的过程. 你初学一本书, 加上许多注解, 又看了许多参考书, 于是书就由薄变厚了. 自己以为这就是懂了, 那是自欺欺人, 实际上这还不能算懂. 而真正懂, 还有一个由厚到薄的过程. 也就是全书经过分析, 扬弃枝节, 抓住要点, 甚至于来龙去脉都一目了然了, 这样才能说是开始懂了.

独立思考是搞科学研究的根本, 在历史上, 重大的发明没有一个是不通过独立思考就能搞出来的. 独立思考也并不是说不要攻书, 不要看文献, 不要听老师的讲述了. 书本、文献、老师都是要的, 但如果拘泥于这些, 就会失去创造力, 使学生变成教师的一部分, 这样就会愈缩愈小, 数学上出了收敛的现象. 只有独立思考才能够跳出这个框框, 创造出新的方法, 创造出新的领域, 推动科学的进步.

人之所以可贵就在于会创造, 在于善于吸收过去的文献的精华, 能够经过消化创造出前人所没有的东西. 不然人云亦云世界就没有发展了, 懒汉思想是科学的敌人, 当然也是社会发展的敌人.

对严格要求我们的人, 应该是感谢不尽的. 对给我们戴高帽子的人, 我也感谢他, 不过他这个帽子我还是退还回去, 请他自己戴上. 求学如逆水行舟, 不进则退.

只要哪一天不严格要求自己, 就会出问题. 当然, 数学工作者, 从来没有不算错过题的. 错误是难免要发生的, 但不能因此而降低我们的要求, 我们要求是没有错误, 但既然出现了错误, 就应该引以为教训.

实事求是, 是科学的根本, 如果搞科学的人不实事求是, 那就搞不了科学, 或就不适于搞科学. 科学是来不得半点虚假的. 跟老师学习就有这样一个好处, 好老师可以指导我们减少失败的机会, 更快吸收成功的经验, 在这个基础上又创造出更好的东西.

不懂装懂好不好? 不好! 因为不懂装懂就永远不会懂. 要敢于把自己的缺点和不懂的地方暴露出来, 不要怕难为情. 暴露出来顶多受老师的几句责备, 说你"连这个也不懂", 但是受了责备后不就懂了吗? 可是不想受责备, 不懂装懂, 这就一辈子也不懂. 科学是实事求是的学问, 越是有学问的人, 就越是敢暴露自己, 说自己这点不清楚, 不清楚经过讨论就清楚了. 同时, 懂也不要装着不懂. 老师知道你懂了很多东西, 就可以更快地带着你前进. 也就是一句话, 懂就说懂, 不懂就说不懂, 会就说会, 不会就说不会, 这是科学的态度.

5.1.2 阿蒂亚的忠告

一个数学家做研究, 就像一个充满创造力的艺术家一样, 必须对所研究的对象极其感兴趣, 全神贯注. 如果没有强烈的内在动机, 你就不可能成功. 即使你只是一名数学爱好者, 你从解决困难问题中得到的满足感也是巨大的. 研究的头一两年是最为困难的. 有那么多的东西要学习, 甚至有一些小问题你都无法解决, 这样你就会非常怀疑自己证明新定理的能力. 只有凡夫俗子才最相信自己的能力.

由于在数学中需要精神高度集中, 由此产生的心理压力是相当大的, 即使是在研究比较顺利的时候也是如此. 与同学的交流——听讲座、参加讨论班和会议等——都有利于开拓视野和获得很重要的群体支持. 当然, 个人独自安静的思考总是需要的, 不过同朋友们的思想交流与讨论会更有助于这种思考, 所以也是不可缺少的.

数学家们有时可以被分为"问题解决者"或者"理论创建者". 绝大多数的数学家都处于他们中间的某个位置, 他们同时在解决问题和发展某个理论. 实际上, 如果一个理论没有导致具体的有趣问题的解决, 那么就不值得去建立它. 反过来, 对于任何真正意义上的深刻问题, 在解决它们的过程中总能刺激相关理论的发展.

驱使人们进行研究的原始动力就是好奇心. 一个特定的结论什么时候成立? 那是一个最好的证明抑或还有更自然、更简洁的证明? 使得结论成立的最一般的情形是什么? 如果你在阅读论文或在听讲座时, 总是问自己这样的问题, 那么或早或迟答案会隐约浮现——包括一些可能的探索路径. 每当这种情形出现时, 我就会抽出时间努力追踪这种想法, 看它会引到哪里, 或者是否经得起仔细琢磨. 有些起初看起来是有效的想法实际上根本没用. 这时就应该果断脱身, 回到主要的道路上来.

令人想象不到的是, 好的想法也会产生于一个不好的讲座或讨论班. 在听报告的时候, 我经常发现, 结果很漂亮, 但是证明却很复杂和繁琐. 此时我就不会再跟着黑板上的证明, 而是在接下来的时间里去构思一个更简洁的证明. 虽然这通常来说不太成功, 但至少我更好地度过了我的时间, 因为我已经用我自己的方式努力地想过这个问题. 这远胜过被动地跟随别人的思考.

如果将数学中的全部研究工作仅仅等同于不断作出各种证明的过程, 那么你就错了. 实际上人们可以说, 数学研究中真正带有创造性的那部分工作在写证明的阶段之前就已经完成了.

在数学中, 一般是先有思想和概念, 然后再提出问题. 接下来就开始对问题解答的探寻, 人们寻找某种方法或者策略. 一旦你自己相信这是一个恰当的问题, 并且你又有对此问题合适的工具, 那么你接着就会开始努力思索证明的具体技术细节.

能够提出一些既有趣又可以被解决的问题, 是数学中一种高超的艺术, 数学本身其实就是一种艺术. 证明实际上是创造性想象和不断反思推理之间长期相互作用的最终结果. 如果没有证明, 数学的研究是不完整的, 反之, 如果没有想象, 则研究无从谈起.

当你被一个问题完全吸引时, 应该立即全力以赴地思考这个问题. 为了得到解答, 除了全力投入外别无他法. 你应当考察特殊的情形, 以便确定主要困难出现在什么地方. 你对问题的背景和先前的解决方法了解得越多, 你能够尝试的技巧与方法也就越多. 另一方面, 有时候对问题与方法的无知也是一件好事情.

拓展你的视野也是你寻找新方法任务中的一部分. 与人交谈会提升你的数学素养水平, 并且有时会给你带来新思想和新方法. 你很有可能由此而获得关于你自己研究的一个有价值的想法, 甚至是一个新的方向.

当你一旦完成了你的博士论文后, 你的研究就进入了一个新的阶段. 尽管你可以继续与你的导师进行合作, 并待在原来的研究群体中, 但是为了你以后进一步的发展, 比较健康的做法是用一年或更多的时间去另外的一个地方. 这可以让你接受新思想的影响, 并获得更多的机会. 现在是这样一个时代: 你可以有机会在大千数学世界中为自己找到一个位置. 一般来讲, 在一个相当长的时间里, 继续太紧密地停留在你博士论文的课题上不是一个好的主意. 你必须要 "另立门派", 以显示你的独立性. 这不必在研究的方向上作剧烈的改变, 只是应该要有确确实实新颖的地方, 而不是你博士论文的简单的常规延续.

在你写论文的时候, 你的导师通常会指导你如何安排文章的结构和呈现的方式. 然而在你的数学研究中也非常需要你自己的个人风格. 虽然对于各种类型的数学来说, 这方面的要求有所不同, 但还是有许多方面的要求适用于所有的数学分支学科. 以下便是对怎样写出一篇好论文的几点提示.

(1) 在你开始写作之前, 先通盘考虑好整个论文的逻辑结构.

(2) 将很长的复杂证明分成比较短的中间步骤 (如引理、命题等), 这会帮助读者阅读.

(3) 写通顺简明的英语 (或者你选择的语言). 请记住数学也是文学的一种表现形式.

(4) 尽可能地简明扼要, 同时又要叙述清楚. 要保持这样的平衡是很困难的.

(5) 尽量将论文写成和你所喜欢阅读的论文一样, 并模仿它们的风格.

(6) 当你已经完成了你论文的主要部分后, 回过头来认真地写一篇引言, 在其中要清楚地解释论文的结构和主要结果, 以及一般的来源背景. 要避免不必要的含糊深奥, 要面向一般的数学读者, 而不只是少数的专家.

(7) 试着将你的论文初稿让一个同事阅读, 并留意任何的建议或评论. 如果你最亲近的朋友与合作者都无法理解你的论文, 那么你就已经失败了, 你需要加倍地努力.

(8) 如果不是非常急着出版, 那么将你的论文丢在一边几个星期, 做其他的事情. 然后再以一种新鲜的视角重新来阅读你的论文, 会有一种全然不同的感觉, 你将知道怎样去修改它.

(9) 如果你相信重写论文会更加清楚、更容易阅读、那么你就不要吝啬将论文重新写一遍, 也许站在一个全新的角度看得更清楚. 写得好的论文将成为 "经典", 被将来的数学家们广泛阅读.

5.1.3　鲍隆巴斯的忠告

对于真正的数学家来说, 研究是放在首要地位的, 但是在研究之外, 还要进行大量的阅读, 以及搞好教学. 要充满乐趣地做好各个层面上的数学工作, 即使它 (几乎) 跟你的研究没有任何关系. 教学不应该成为负担, 而应该是灵感的来源之一. 研究绝不应该变成一种零星的杂务 (不像写作那样): 你应该选择你很难不去想它的问题. 这就是为什么你专注于吸引自己的问题比你去解决别人交给你的问题要更好的缘故. 在你研究生涯的早期, 当你还是一个研究生的时候, 你应该听取你的有经验的导师的意见, 让他来帮助你判断你自己喜欢的问题是否合适, 这比做他给你的问题要好, 因为后者可能不符合你的品味. 毕竟, 你的导师对某个问题是否值得你去研究, 应该会有一个比较好的想法, 哪怕是他对你的实力与品味可能还不了解. 在你以后的研究生涯中, 当你不再依赖你的导师时, 与一些比较谈得来的同事的交流也常常会受到启发.

在任何时候, 你所做的数学问题应该包含以下两种类型.

(1) "梦想" 类的问题: 一个你非常想要解决、但基本上你不可能期望解决的大问题.

(2) 非常值得的问题: 如果花费足够的时间和努力、并且足够幸运的话, 你觉得你很有可能解决的一些问题.

此外, 还有两种你应该考虑的问题, 虽然它们不如前面的那两种问题重要.

(1) 不时地解决这样一类问题, 它们在你的能力之下, 你完全有自信会很快地解决它们, 使得花在它们上面的时间, 不会妨碍你去解决更合适你的问题.

(2) 在更低的层次上, 去做那些已经不是真正值得去研究的问题 (虽然它们在几年前曾经是这样的问题), 总是一件非常愉快的事情, 由于这些问题太好了, 所以值得花时间: 解决他们将给你带来快乐, 并锻炼和提升你的创造能力.

要耐心, 要坚持. 当你考虑一个问题时, 也许你能够采取的最有用的措施是, 在所有的时间里都把这个问题放在心上: 牛顿就是用这样的方法, 其他的许多先人也都是这样. 要付出你的时间, 尤其是在攻克主要问题的时候, 要保证自己在一个大问题上, 花费相当数量的时间, 但不应期望过多, 做完之后, 不妨总结一下, 然后决定接下来该做什么. 在让你的研究不放过一个机会的同时, 也应注意不要在一种方法上陷得太深, 否则就可能遗漏其他的解决方法.

不要怕犯错误. 一个错误对于一名象棋手来说, 可能是致命的, 但对一个数学家来说, 它相当于是常规的程序. 要尽量避免平庸的尝试, 而永远是兴致勃勃地投入工作. 特别是, 研究一个问题的最简单情形, 通常来说不会浪费时间, 而且可能是非常有效的方法. 当你在一个问题上花费了相当多的时间之后, 很容易低估你所取得的进展, 并且还同样会低估你将它们全部回忆起来的能力. 最好将它们写下来, 哪怕是一小部分的结果: 你的笔记会节约你以后的大量时间, 会给你带来更多的机会.

在你的研究领域, 要确信你读的许多论文是由最好的人写的. 虽然这些文章常常写得不太仔细, 但是它们所包含的高质量的想法会对你的辛苦阅读给出丰厚的回报. 不论你读什么, 都要保持一种积极参与和质疑的态度: 不断设法理解作者的意图, 不断努力思考是否还有更好的处理方法. 如果作者走的是你已经知道的思路, 那么你应该感到高兴, 如果他走的是另一条不同的道路, 那你就应该进一步思考其中的缘由. 对于各种定理与证明, 反复问你自己这样的问题, 即使它们看起来非常简单: 这些问题将极大地帮助你更好地理解数学.

要保持你对新奇事物的感知与惊讶的能力, 要能够欣赏你所读过的数学研究成果和思想, 不要对这些杰出的思想和成果感觉到没有什么了不起. 事后你当然知道事情一定是这样的, 这是很容易的: 毕竟你已经刚读完了证明. 聪明的人会舍得花大量的时间来汲取新思想. 对他们来说, 只知道一些定理和看懂它们的证明是远远不够的: 他们要把定理及其证明融化在他们的血液里.

在你的数学职业生涯进展过程中, 永远让你的心智保持对新思想和新方向的开放状态: 数学的疆域总是在变化, 如果你不想落在后面, 那你就必须也要跟着变化. 永远要磨砺你的工具, 并且不断学习掌握新的工具. 最重要的是, 喜欢数学和热爱数学.

5.1.4 萨纳克的忠告

多年来我已经指导了不少博士研究生, 这也许使我有资格以一个有经验导师的身份来写一些忠告. 每当我遇到一个出色的学生 (我非常幸运我能够有这样的一些学生), 我所能给出的指导仅仅是告诉他, 比如可以在某个区域内挖出黄金, 或者给出一些含糊不清的建议. 一旦他们行动起来, 发挥其智慧与才能, 结果他们没有发现黄金, 但却找到了钻石 (当然事后我忍不住会说 "我告诉过你会这样"). 这么多年下来, 我发现自己经常重复说的某些评论与建议对于学生来说还是很有用的. 以下所列是其中的一部分.

(1) 当我们学习一个新领域的知识时, 我们应该将阅读现代论述与钻研原始论文结合起来, 尤其是该领域开创大师的论文. 很多学科的现代叙述所产生的主要麻烦是它们太完美了. 随着每一个 (数学专著与教科书的) 新作者都不断地发现和加入更巧妙的证明处理方法, 最后形成的理论体系总是倾向于采用 "最简短的证明". 很不幸的是, 这种形式化的表述经常引起新一代学生们的极大困惑: "人们是怎样想出来的?" 通过回到原始的出发点, 学生通常就能够看到概念与理论的演变十分自然, 并且理解它们是怎样一步步变成现代形式的理论的.

(2) 另一方面, 你应当对一些教条和 "标准猜想" 敢于质疑, 即使它们来自于某些大人物. 许多标准猜想都是基于一些人们所能够理解的特殊情形作出的. 除此之外, 剩下的基本上只有人们多少有些一厢情愿的想法: 人们很期望一般的图景不会和特殊情形所建议的图景相差太远. 我知道几个这样的研究事例, 在其中一开始的时候, 人们都是先着手证明一个被认为普遍成立的结论, 但是没有取得任何进展, 直到最后人们才认真地反思它是否真的成立.

(3) 不要将 "初等" 混同于 "容易": 一个证明可以确定是初等的, 但却不是容易的. 实际上, 存在着许多这样的定理: 只要用一点点 (现代数学的) 高端方法就可以使定理的证明变得非常容易理解, 并显示蕴涵于其中的思想, 相反如果避免使用高端的概念与方法, 而只是用初等的方法来证明, 则会掩盖定理背后的思想内涵. 另一方面, 也要注意不要将高端等同于高质量, 或者等同于 "高级证明" (这是一个我很喜欢用的字眼, 它会引起许多我以前学生们的哄笑). 在年轻的数学家们中间确实有一种 (盲目) 使用新奇的高端数学语言的倾向, 以显示他们正在做的工作比较深刻. 然而, 只有真正理解了现代工具, 并且与新的思想相结合, 现代的工具才能发挥作用.

(4) 在数学中做研究会让人感到受挫, 如果你还不习惯于遭受挫折, 那么数学就不是你的理想选择. 在绝大多数的时间里, 你是没有任何进展的, 如果不是这样, 则要么你是一个天才, 要么就是你所遇到的问题属于在开始研究之前你已经知道怎样解决的那种. 尽管一些后续的研究工作也会有相当的 (发展) 空间, 并且达到较高的水准, 但是一般来说绝大多数的重大突破都是用艰苦的工作换来的, 伴随着许多错误的步骤, 长时间里只有微小的进展, 甚至还有倒退. 有一些方法可以减轻这种痛苦. 如今许多人采用合作研究的方式, 这种方法除了有让不同专长的人一起攻关的明显优点外, 还能让人们来共同承受失败. 这对绝大多数的人们来说肯定是很有好处的.

(5) 每周听系里的各种学术报告, 并且希望报告的组织者能够挑选好的报告人. 在数学中有比较广博的知识是很重要的. 在学习了解其他分支领域里的人们解决有趣问题的进展时, 或当你听到演讲者在谈论相当不同的研究时, 你的心灵会经常受到某些思想的触动. 同样, 你也可能学到一种方法或理论, 或许可以用到你正在做的其中一个问题上.

5.2　基本学术道德与规范

为弘扬科学精神, 加强科学道德和学风建设, 提高科技工作者创新能力, 促进科学技术的繁荣发展, 中国科学技术协会根据国家有关法律法规制定《科技工作者科学道德规范 (试行)》, 并于 2007 年 1 月 16 日在中国科协七届三次常委会议上审议通过. 近年来, 我国科技发展很快, 成就辉煌, 举世瞩目. 同时, 也暴露出一些问题. 自 2015 年以来, 我国科技界接连遭遇国外出版集团较大规模的集中撤稿, 国际声誉受到直接冲击, 造成极为恶劣的社会影响. 撤稿事件反映出我国少数科技工作者自律意识缺乏, 底线意识不强, 在名利诱惑面前心态失衡. 为进一步加强科技工作者道德行为自律, 中国科学技术协会在 2017 年又研究制定了《科技工作者道德行为自律规范》. 下面简要介绍这两个文件中与科学研究和写作相关的内容.

5.2.1　基本学术规范

进行学术研究应检索相关文献或了解相关研究成果, 在论文或报告中引用他人论点时必须尊重知识产权, 如实标出. 在课题申报、项目设计、数据采集、成果公布、贡献确认等方面, 遵守诚实客观原则. 对已发表研究成果中出现的错误和失误, 应以适当的方式予以公开和承认. 诚实严谨地与他人合作. 耐心诚恳地对待学术批评和质疑. 公开研究成果、统计数据等, 必须实事求是、完整准确. 合作完成成果, 应按照对研究成果的贡献大小的顺序署名 (有署名惯例或约定的除外). 署名人应对本人作出贡献的部分负责, 发表前应由本人审阅并署名. 科研新成果在学术期刊或学术会议上发表前 (有合同限制的除外), 不应先向媒体或公众发布. 不得利用科研活动谋取不正当利益. 正确对待科研活动中存在的直接、间接或潜在的利益关系.

5.2.2　主要学术不端

学术不端行为是指, 在科学研究和学术活动中的各种造假、抄袭、剽窃和其他违背科学共同体惯例的行为. 例如, 故意做出错误的陈述, 捏造数据或结果, 破坏原始数据的完整性, 篡改实验记录和图片, 在项目申请、成果申报、求职和提职申请中做虚假的陈述, 提供虚假获奖证书、论文发表证明、文献引用证明等; 侵犯或损害他人著作权, 故意省略参考他人出版物, 抄袭他人作品, 篡改他人作品的内容; 未经授权, 利用评审机会, 将他人未公开的作品或研究计划发表或透露给他人或为己所用; 把成就归功于对研究没有贡献的人, 将对研究工作做出实质性贡献的人排除在外, 无理要求著者或合著者身份. 又如, 成果发表时一稿多投; 采用不正当手段干扰和妨碍他人研究活动, 包括故意毁坏或扣压他人研究活动中必需的仪器设备、文献资料, 以及其他与科研有关的财物; 故意拖延对他人项目或成果的审查、评价时间, 或提出无法证明的论断; 对竞争项目或结果的审查设置障碍; 参与或与他人合谋隐匿学术劣迹, 包括参与他人的学术造假, 与他人合谋隐藏其不端行为.

5.2.3　科学道德规范

科学道德和学术诚信是科技工作者必备的基本素质, 砥砺高尚道德品质是科技工作者的不懈修炼. 科研人员要坚持 "自觉担当科技报国使命、自觉恪尽创新争先职责、自觉履行造福人民义务、自觉遵守科学道德规范" 的高线; 又要坚守 "反对科研数据成果造假、反对抄袭剽窃科研成果、反对委托代写代发论文、反对庸俗化学术评价" 的底线. 要牢记并坚持立德为先、立学为本、知行合一、严以自律, 严守学术道德和科技伦理, 共同营造风清气正的科研学术环境. 秉持创新、求实、协作、奉献的科学精神, 潜心研究, 淡泊名利, 经得起挫折、耐得住寂寞, 争当学术优异、学风优良、品德优秀的科技先锋.

参 考 文 献

[1] 李文林. 数学史概论. 2 版. 北京: 高等教育出版社, 2002.

[2] 陈省身. 陈省身文集. 上海: 华东师范大学出版社, 2002.

[3] Courant R, Robbins H. What Is Mathematics? Oxford: Oxford University Press, 1996.

[4] 亚历山大洛夫 A D 等. 数学——它的内容、方法和意义 (第一卷). 北京: 科学出版社, 2001.

[5] 李大潜. 在复旦大学数学科学学院 2013 年度迎新大会上的讲话. 数学文化, 2013, 4(4): 59-63.

[6] 韩茂安. 数学分析基本问题与注释. 北京: 科学出版社, 2018.

[7] 韩茂安. 牛顿–莱布尼兹公式与泰勒公式的拓展与应用. 大学数学, 2015, 31(5): 6-11.

[8] Han M, Sheng L, Zhang X. Bifurcation theory for finitely smooth planar autonomous differential systems, J. Differential Equations, 2018, 264(5): 3596-3618.

[9] Han M. On Hopf cyclicity of planar systems. J. Math. Anal. Appl. 2000, 245, 404-422.

[10] Han M. Bifurcation Theory of Limit Cycles. Beijing: Science Press, 2012.

[11] 赵爱民, 李美丽, 韩茂安. 微分方程基本理论. 北京: 科学出版社, 2012.

[12] Han M. On the maximum number of periodic solutions of piecewise smooth periodic equations, Journal of Applied Analysis and Computation, 2017, 7(2): 788-794.

[13] 盛丽鹃, 韩茂安. 一维周期方程的周期解问题, 中国科学: 数学, 2017, 47(1): 171-186.

[14] 韩茂安. 常微分方程基本问题与注释. 北京: 科学出版社, 2018.

[15] 黄永忠, 刘继成. 多元向量函数的中值定理及应用. 大学数学, 2016, 32(4): 97-102.

[16] Han M, Sheng L. A new proof of the implicit function theorem. Journal of Shanghai Normal University (Natural Sciences), 2016, 45(3): 351-354.

[17] 韩茂安, 李继彬. 关于解的延拓定理之注解. 大学数学, 2015, 31(2): 33-38.

[18] 汤涛, 丁玖. 数学之英文写作. 北京: 高等教育出版社, 2013.

[19] Hale J K. A class of neutral equations with the fixed point property, Proceedinga of the National Academy of Sciences, 1970, 67(1): 136-137.

[20] 韩茂安, 李继彬. 关于解的延拓定理之注解. 大学数学, 2015, 31(2): 33-38.

[21] 朱德明, 白玉真. 哈密顿系统的低维环面的保存性. 数学学报, 2002, 45(5): 959-968.

[22] 李继彬. 非线性非齐次弹性材料模型的精确模态波解和动力学性质. 中国科学: 数学, 2017, 47(1): 147-154.

[23] Giacomini H, Gine J, Llibre J. The problem of distinguishing between a center and a focus for nilpotent and degenerate analytic systems. J. Differential Equations, 2006, 227: 406-426.

[24] De Maesschalck P, Dumortier F. The period function of classical Liénard equations. J. Differential Equations, 2007, 233: 380-403.

[25] Rousseau C, Schlomiuk D, Thibaudeau P. The centres in the reduced Kukles system. Nonlinearity, 1995, 8: 541-569.

[26] De Maesschalck P, Dumortier F. Classical Liénard equations of degree $n \geqslant 6$ can have $[(n-1)/2] + 2$ limit cycles. J. Differential Equations, 2011, 250: 2162-2176.

[27] Llibre J, Novaes D D, Teixeira M A. On the birth of limit cycles for non-smooth dynamical systems. Bull. Sci.math., 2015, 139: 229-244.

[28] 方逸耀. 数学论文的写作特点和要求. 西北大学学报, 1989, 19(1): 112-115.

[29] Li J B. Hilbert's 16th problem and bifurcations of planar polynomial vector fields. International Journal of Bifurcation and Chaos, 2003, 13(1): 47-106.

[30] Tian Y, Han M. Hopf and homoclinic bifurcations for near-Hamiltonian systems. J. Differential Equations, 2017, 262: 3214-3234.

[31] 韩茂安. 课题研究与论文写作技巧. 数学文化, 2013, 4(3): 88-90.

[32] 陈木法. 迈好科学研究的第一步. 数学通报, 2002, 12: 2-3.

[33] 韩茂安. 平面系统中心与焦点判定问题的若干注释. 上海师范大学学报, 2013, 6: 565-579.

[34] 韩茂安. 中心与焦点判定定理证明之补充. 大学数学, 2014, 27(1): 142-147.

[35] 韩茂安. 关于指数函数、对数函数与幂函数的教学探索. 大学数学, 2014, 30(1): 88-92.

[36] 刘姗姗, 韩茂安. 关于克莱洛方程的奇解概念之拓展. 大学数学, 2018.

[37] 卢雯, 韩茂安. 一阶常微分方程比较定理的细化与改进. 大学数学, 2018.

[38] Gine J, Grau M, Llibre J. Averaging theory at any order for computing periodic orbits. Phys D, 2013, 250: 58-65.

[39] Han M, Romanovski V, Zhang X. Equivalence of the Melnikov function method and the averaging method. Qual Theory Dyn Syst, 2015, 15: 471-479.

[40] Liu X, Han M. Bifurcation of limit cycles by perturbing piecewise Hamiltonian systems, Internat. J. Bifur. Chaos Appl. Sci. Engrg., 2010, (5): 1-12.

[41] Liang F, Han M. Limit cycles near generalized homoclinic and double homoclinic loops in piecewise smooth systems. Chaos Solitons Fractals, 2012, 45(4): 454-464.

[42] Han M, Sheng L. Bifurcation of limit cycles via Melnikov function. Journal of Applied Analysis and Computation, 2015, 5(4): 809-815.

[43] Han M, Xiong Y. Limit cycle bifurcations in a class of near-Hamiltonian systems with multiple parameters, Chaos, Solitons & Fractals, 2014, 68: 20-29.

[44] 韩茂安, 周盛凡, 邢业朋, 等. 常微分方程. 北京: 高等教育出版社, 2011.

[45] 丁同仁, 李承治. 常微分方程教程. 北京: 高等教育出版社, 2004.

[46] Christopher C, Li C. Limit Cycles of Differential Equations, CRM Barcelona, Birkhauser Verlag, Basel, 2007.

[47] Hirsch M W, Smale S, Devaney R L. Differential Equations, Dynamical Systems, and an Introduction to Chaos, Elsevier Inc., 2013.

[48] Han M, Yang J. The maximum number of zeros of functions with parameters and application to differential equations, J. Nonlinear Model. Anal., 2021.

课 程 教 案

教学方式与规则

1. 教材《数学研究与论文写作指导 (第二版)》(韩茂安, 科学出版社, 2022 年) 采用自学为主教学模式; 课堂活动主要是要点讲解、写作训练与实践、辅导答疑、观看慕课视频等.

课程讲座目录

2. 每次课都有课程作业, 要求每人都独立完成, 写在一本固定的作业本上, 做好后再听课堂交流, 边听边自我修改.

3. 每个班分成三个小组, 选一位组长 (收集问题、安排活动等).

4. 共有 18 次课 (总学时 36), 从第 2 次开始每次课都有三个写作训练项目, 每组选一人做 PPT 课堂交流.

5. 视频网址: http://zjyjs.zju.edu.cn/course, 课程视频共有 25 个, 另有做题实战练习视频 16 个 (有学生的解答、老师的修改和评注). 需要上网课或上网看视频者请联系韩老师.

课前完成下列事项

1. 建立课程微信群, 一班分成 3 组, 确定组长.

2. 布置预习任务:

(1) 第 1 章第 1 节全部内容;

(2) 第 1 章第 2 节例 2.1.

3. 看慕课视频第 1 讲与第 2 讲.

第 1 次课课堂安排

1. 课堂活动

(1) 课程概述 (PPT)(或播放慕课视频第 1 讲).

(2) 例 2.1 分析 (PPT)(或播放慕课视频第 2 讲).

(3) 答疑辅导、课堂自学第 2 节.

2. 课程作业

(1) 自学 1.2 节全部内容, 研读例 2.2、2.3(分析证明步骤、补充证明细节, 并深入思考, 争取有 "新发现", 在下次课讨论).

(2) 完成习题演练 2.1-2.3(依照写作基本原则检查、修改), 选 3 位同学分别做好 PPT(下次课做课堂交流与讨论), 选 3 位同学做课堂讨论修改).

(3) 看慕课视频第 3 讲与第 4 讲.

第 2 次课课堂安排

1. 课堂活动

(1) 答疑辅导 10 分钟.

(2) 例 2.2 证明分析 (或播放慕课视频第 3 讲).

(3) 习题演练 2.1-2.3(3 位同学上台讲解、3 位同学上台讨论修改、老师点评与修改).

2. 课程作业

(1) 自学研读 1.3 节中引理 3.1–引理 3.5、例 3.1、例 3.2. 深入思考, 认真领会 (分析证明步骤、补充证明细节).

(2) 选 3 位同学按写作原则做 PPT, 分别介绍引理 3.4、引理 3.5 的证明和例 3.2 的详细解法 (下次课同学交流), 选 3 位同学讨论、老师点评.

(3) 看慕课视频第 5 讲与第 6 讲.

第 3 次课课堂安排

1. 课堂活动

(1) 答疑辅导 10 分钟.

(2) 例 3.1 证明分析 (或播放慕课视频第 5 讲).

(3) 引理 3.5 证明分析 (或播放慕课视频第 6 讲).

(4) 引理 3.4、3.5 与例 3.2 的解答与讨论 (3 位同学上台讲解、3 位同学等上台讨论修改、老师点评与修改).

2. 课程作业

(1) 研读例 3.3 的证明与分析.

(2) 完成习题演练 3.1-3.3(依照写作基本原则).

(3) 选 3 位同学做 PPT 讲解习题 3.1-3.3(下次课做课堂交流), 选 3 位同学讨论 (甚至介绍自己的解法).

(4) 看慕课视频第 7 讲与第 8 讲.

第 4 次课课堂安排

1. 课堂活动

(1) 答疑辅导 10 分钟.

(2) 例 3.3 的证明与分析 (或观看慕课视频第 7 讲与第 8 讲).

(3) 三位同学讲解习题 3.1-3.3(3 位同学带头讨论修改、老师点评).

2. 课程作业

(1) 研读例 4.1 与例 4.2 的证明与分析; 观看慕课视频第 9 讲, 解答该讲第 3 部分 (进一步探讨) 情况 I 与 II 中的结论 (依照写作基本原则).

(2) 选 3 位同学做 PPT, 分别讲解例 4.2、情况 I 与 II 的解答 (下次课做课堂交流讲解), 选 3 位同学讨论与点评.

(3) 进一步思考下列问题:

(a) 关于例 4.1 中数列的构造, 还有其他方法吗?

(b) 如果函数 f 还依赖于某向量参数 s, 且关于 x 的压缩常数 L 与 s 无关, 讨论不动点关于 s 的连续性.

第 5 次课课堂安排

1. 课堂活动

(1) 答疑辅导 (10 分钟).

(2) 三位同学讲解例 4.2、视频第 9 讲第 3 部分情况 I 与 II 中结论证明、三位同学修改补充、老师点评与修改.

(3) 讲解例 4.1, 相关问题：例 4.1 中数列的构造：还有其他方法吗？如果函数 f 还依赖于某向量参数 s, 且关于 x 的压缩常数 L 与 s 无关, 证明不动点关于 s 的连续性.

(4) 问题讨论：设 $H(x, y)$ 在原点的某邻域 U 内为连续可微的正定函数, 问何时方程 $H(x, y) = h$ (其中 $h > 0$ 充分小) 确定唯一的一条围绕原点的简单闭曲线？为简单计, 设 H 为无穷次可微的. 证明视频第 9 讲列出的情况 I 与情况 II 中的结论 (或观看视频第 9 讲).

2. 课程作业

(1) 研读例 4.3 的证明与分析, 看慕课视频第 10 讲.

(2) 独立完成解答习题演练 4.1-4.3, 看慕课视频第 11 讲.

(3) 选 3 位同学制作 PPT, 分别解答习题 4.1、4.2 与 4.3(下次课做课堂交流), 选 3 位同学讨论修改).

第 6 次课课堂安排

1. 课堂活动

(1) 答疑辅导 (观看慕课视频第 10 讲), 例 4.3 证明分析.

(2) 写作训练 (3 位同学分别讲解习题演练 4.1-4.3, 3 位同学讨论修改, 老师点评与修改).

(3) 复习慕课视频第 11 讲.

2. 课程作业

(1) 独立证明引理 5.1 与 5.3、解答习题演练 5.2.

(2) 选 3 位同学做 PPT, 讲解引理 5.1、5.3 与习题演练 5.2 的证明, 选 3 位同学讨论修改.

(3) 自愿自学例 5.1 与 5.2 的证明与分析.

第 7 次课课堂安排

1. 课堂活动

答疑辅导 10 分钟, 之后 3 位同学讲解引理 5.1、引理 5.3 与习题演练 5.2 的证明, 3 位同学带头讨论修改, 老师点评与修改.

2. 课程作业

(1) 研读第 2.1 节论文原文的前两节, 思考定理 3 的证明.

(2) 看视频第 12 讲, 回答"问题与思考"与"评注与分析"中的相关问题.

(3) 选 3 位同学制作 PPT, 分别完成下列三项任务 (下次课做交流):

(a) 证明定理 3.

(b) 回答"问题与思考"中的 (1)-(3).

(c) 回答"评注与分析"中的问题 (1) 与 (2)(限于论文的前两节).

(4) 选 3 位同学做课堂讨论与补充.

第 8 次课课堂安排

1. 课堂活动

(1) 先自学、答疑 10 分钟, 后选三位同学, 分别讲解下列内容:

(a) 证明定理 3.

(b) 回答"问题与思考"中的 (1)-(3).

(c) 回答"评注与分析"中的问题 (1) 与 (2)(限于论文的前两节).

(2) 组织讨论与分析、定理 2 与定理 3 解读 (或观看慕课视频第 12 讲).

2. 课程作业

(1) 研读第 2.1 节论文原文的后两节.

(2) 看慕课视频第 13 讲, 回答"问题与思考"与"评注与分析"中的相关问题.

(3) 选 3 位同学制作 PPT, 都独立回答"问题与思考"中的 (4)-(5)、"评注与分析"中的问题 (1) 与 (2)(论文的后两节), 并对第 2.1 节论文做全文总结, 选 3 位同学发言 (谈对该文的学习体会).

第 9 次课课堂安排

1. 课堂活动

(1) 答疑辅导 10 分钟.

(2) 三位同学都来讲解下列两项内容:

(a) 回答"问题与思考"中的 (4)-(5); 回答"评注与分析"中的问题 (1) 与 (2)(论文的后两节).

(b) 对第 2.1 节论文做全文总结.

(3) 三位同学发言 (谈对该文的学习体会)、老师点评与总结.

2. 课程作业

(1) 研读第 2.2 节论文原文 (全文).

(2) 看慕课视频第 14、15 讲, 证明例 2.1-2.2, 认真理解例 2.3 的证明.

(3) 选 3 位同学制作 PPT, 分别证明例 2.1、2.2 与 2.3 (下次课做交流), 选 3 位同学做课堂讨论.

(4) 自愿自学第 2.3 节论文.

第 10 次课课堂安排

1. 课堂活动

(1) 答疑辅导 10 分钟 (或看慕课视频第 14、15 讲).

(2) 三位同学做课堂交流, 分别讲解和讨论例 2.1、例 2.2 与例 2.3 的证明, 三位同学穿插讨论与修改、老师点评.

(3) 对第 2.2 节论文做全文评注, 对第 2.3 节论文做简单介绍.

2. 课程作业

(1) 研读第 3 章第 3.1 节、3.2 节 (3.2.1-3.2.3), 看慕课视频第 16、17 讲.

(2) 朗读、理解与翻译例 1.6、1.7、1.8(建议查阅原文), 并分析每个摘要的组成.

(3) 选 3 位同学分别制作 PPT, 朗读英文、口译例子 (看着英文说中文), 选 3 位同学分别朗读相关例子, 并讨论修改.

第 11 次课课堂安排

1. 课堂活动

(1) 讲解摘要、引言与预备知识的写作要领 (或看视频第 16、17 讲).

(2) 三位同学分别朗读与口译例 1.6、1.7、1.8, 并做分析, 另三位朗读相关例子并讨论.

2. 课程作业

(1) 研读第 3.2 节 (3.2.4-3.2.6)、3.3 节. 看视频第 18 、20 讲.

(2) 朗读、理解与翻译例 2.2(最后 1 段)、例 2.3 (第 1 段) (可查阅原文).

(3) 选 3 位同学制作 PPT, 分别

(a) 讲解主要结果与证明、致谢与参考文献的写作要领;

(b) 朗读与口译例 2.2 (最后 1 段);

(c) 朗读与口译例 2.3 (第 1 段) (下次课做课堂交流), 选 3 位同学分别做讨论补充与朗读.

第 12 次课课堂安排

1. 课堂活动

三位同学分别 1) 讲解主要结果与证明、致谢与参考文献的写作要领; 2) 朗读与口译例 2.2 (最后 1 段); 3) 朗读与口译例 2.3 (第 1 段). 另三位同学分别讨论补充与朗读.

2. 课程作业

(1) 研读 3.4 节、3.5 节, 观看视频第 19 讲.

(2) 选 3 位同学制作 PPT(写成英文), 分别讲解 3.5 节第 2 部分中的命题 (含证明) 之前的内容、之后的内容 (并证明定理) 与思考题 (任选 2 个), 选 3 位同学做讨论与修改.

第 13 次课课堂安排

1. 课堂活动

(1) 论文修改、投稿信与修改说明的写作.

(2) 三位同学分别讲解 (看英文说中文) 第 3.5 节第 2 部分命题 (含证明) 之前的内容、之后的内容 (并证明定理) 与思考题 (证明其中 2 个). 另三位同学分别讨论与修改.

2. 课程作业

选 3 位同学, 每人自选一篇学术论文 (中等篇幅, 上网下载, 分享给班级所有人), 研读所选论文, 分析其组织结构, 对其每节主题内容给出评注, 重点对"引言"部分查找不足 (下次课做课堂交流). 选 3 位同学分别分析某一自选论文的"引言"结构, 并找问题.

建议每一位同学都自找一篇文章, 并如此办理 (为课程考试做准备).

第 14 次课课堂安排

1. 课堂活动

(1) 三位同学分别讲解对所读论文的分析, 指出"引言"可能的不足.

(2) 三位同学发言, 分别谈对"引言"的分析, 查找不足.

2. 课程作业

(1) 阅读第 4.1 节, 看慕课视频第 21、22 讲.

(2) 研读第 4.2 节小论文《一类线性微分方程的渐近性质》.

(3) 思考、分析上述小论文的写作动因、主要结果和所用方法.

(4) 选 3 位同学制作 PPT, 分别 a) 回答上面 (3) 中的问题, b) 总结出定理 2.1、定理 2.3 与定理 2.4 的证明步骤, c) 给出定理 2.2 的详细证明. 选 3 位同学分别做讨论修改.

第 15 次课课堂安排

1. 课堂活动

(1) 如何读论文、选课题 (或学习视频第 21、22 讲).

(2) 三位同学分别给出 a)《一类线性微分方程的渐近性质》的写作动因、主要结果和所用方法, b) 定理 2.1、定理 2.3 与定理 2.4 的证明步骤, c) 定理 2.2 的详细证明. 另三位同学修改补充、老师点评.

2. 课程作业

(1) 研读第 4.2 节小论文《一类有限光滑函数之标准形及其应用》.

(2) 选 3 位同学制作 PPT, 分别证明文中引理 2.2、引理 2.3 与定理 2.5. 选 3 位同学做课堂讨论.

第 16 次课课堂安排

1. 课堂活动

(1) 三位同学分别给出小论文《一类有限光滑函数之标准形及其应用》中引理 2.2、引理 2.3 与定理 2.5 的证明.

(2) 三位同学讨论修改、老师点评与修改.

2. 课程作业

(1) 观看视频第 23 讲.

(2) 研读第 4.2 节小论文《关于一个积分中值定理的更正》全文.

(3) 选 3 位同学制作 PPT, 分别解答下列问题:

(a) Theorem A 的结论 (i) 不成立的原因是什么? 其结论 (ii) 如何更正?

(b) 举例说明 Theorem A 的结论 (i) 不成立;

(c) 给出定理 2.7 的证明, 并分析证明思路. 选 3 位同学做课堂讨论与修改.

第 17 次课课堂安排

1. 课堂活动

三位同学分别解答下列问题 (并有讨论与分析): 1) Theorem A 的结论 (i) 不成立的原因是什么? 证明它不成立; 2) 给出定理 2.7 的证明, 并分析证明思路; 3) Theorem A 的结论 (ii) 如何更正? 试给出主要步骤. 穿插三位同学的讨论修改和老师的点评.

2. 课程作业

(1) 观看视频第 24、25 讲.

(2) 了解课程考试安排 (下次课做详细介绍).

(3) 对写作指导课程之成效的讨论.

第 18 次课课堂安排

1. 聆听名家忠告、恪守学术道德、典型案例介绍.

2. 课程考试安排

(1) 思考、选择一个课题, 开展研究, 写一篇小论文 (重点是写好引言部分, 主要结果及其证明尽量有详细论证, 如果由于时间不够写不出详细论证, 也可以给出证明步骤). 或在自己的学科方向精读一篇学术论文, 按 "论文格式" 写一篇详实的学习心得, 至少涵盖:

(a) 论文中研究课题的研究现状与意义;

(b) 论文获得的主要结果、创新点、所用理论与方法工具;

(c) 对该文的评价和思考.

(2) 按照写作三项原则来写, 篇幅 3000—5000 字. 写一段对课程的评价与建议.

3. 课程成效评价与建议 (课堂讨论).

教学课件

　　大学老师在好大学教书比在一般大学教书幸福多了，因为好大学里的学生基础较扎实．带研究生尤其如此．作为导师，我要亲自给每届研究生上两门课，之后想一些课题给他们做，尽管研究生学习都很努力，但由于原来的基础不够好，导致他们中的大部分人在论文写作阶段困难重重，我都要给他们的论文修改十多遍．每个研究生都要经历这个过程，我也因为在这个过程中比较认真而倍感疲惫．在2011年，我曾根据个人体会写了一篇指导写论文的小文章《课题研究与论文写作技巧》，后来此文发在《数学文化》杂志 (2013 年，第 4 卷第 3 期)．最近几年招收的研究生在动手写论文时笔者都会要求先看看这篇文章，结果发现效果并不太好．问题出在哪里？他们接受不了别人的经验，还是缺乏实际的训练？于是笔者又突发奇想：开一门数学研究与论文写作训练的课程，写一本写作训练和课题研究实践的教材！这就是本书的写作动机，希望这次有好的效果．

　　此次改版升级增加了 25 个微课视频，涵盖了全书大部分内容，并补充了新内容．此外，我在教学过程中精心设计了课程教案，一并在附录中展现给大家，供该课程主讲教师参考．数学写作指导是一门比较新的课程，本书取材肯定有局限，敬请大家多提宝贵建议．